"十四五"职业教育部委级规划教材

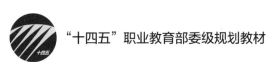

U0149952

服装 CAD 设计应用技术

（第 2 版）

李金强　刘兆霞　编著

中国纺织出版社有限公司

内 容 提 要

随着科学技术的迅猛发展，多媒体技术、计算机网络、虚拟现实等计算机信息科学推动着纺织服装产业的快速发展，服装CAD技术在三维人体测量、服装款式设计、工艺设计及生产管理等方面得到了广泛应用，数字化服装设计与生产成为各服装企业快速应对市场需求的重要手段。

本书从服装的款式设计、纸样设计、放码和排料等方面详细介绍了富怡服装CAD系统的特色功能与应用技巧，内容翔实、步骤详细、图文并茂，能使读者迅速掌握服装CAD软件的操作方法与使用技巧。本书可作为服装类专业教材，也可供使用富怡CAD软件的服装培训班和服装设计、服装制板、服装工艺单编制人员学习使用。

图书在版编目（CIP）数据

服装 CAD 设计应用技术 / 李金强，刘兆霞编著. -- 2
版. -- 北京：中国纺织出版社有限公司，2023.11（2025.1重印）
"十四五"职业教育部委级规划教材
ISBN 978-7-5229-1028-4

Ⅰ. ①服… Ⅱ. ①李… ②刘… Ⅲ. ①服装设计－计
算机辅助设计－AutoCAD 软件－职业教育－教材 Ⅳ.
① TS941.26

中国国家版本馆 CIP 数据核字（2023）第 181591 号

责任编辑：苗 苗 责任校对：高 涵 责任印制：王艳丽

中国纺织出版社有限公司出版发行
地址：北京市朝阳区百子湾东里A407号楼 邮政编码：100124
销售电话：010—67004422 传真：010—87155801
http://www.c-textilep.com
中国纺织出版社天猫旗舰店
官方微博 http://weibo.com/2119887771
三河市宏盛印务有限公司印刷 各地新华书店经销
2019年9月第1版 2023年11月第2版 2025年1月第3次印刷
开本：787×1092 1/16 印张：13.75
字数：245千字 定价：58.00元

第2版前言

本书是中国纺织出版社有限公司2019年出版的《服装CAD设计应用技术》第2版。自2019年第1版出版以来，我国的职业教育取得了巨大的进步，富怡服装CAD系统V10软件也进行了升级优化。尽管如此，原书中的内容仍对读者学习富怡服装CAD系统V10软件并达到熟练应用是有帮助的。修订第2版的主要目的是在当前工业4.0和中国制造2025的背景下，根据时代发展进行补充和更新，以使读者能够更好地学习和应用富怡服装CAD系统V10软件。

本书系统介绍了服装CAD系统V10软件的功能概述、界面组成、工具和菜单命令的具体应用，并重点介绍了代表性服装款式打板、推板的详细流程和方法，服装CAD排料以及纸样输入、输出的具体操作流程和方法。本书第2版在保留原书的基础上，增加了新的内容和案例，加入了大量服装成品的实战操作实例，以数百张图片翔实说明，以便读者能够循序渐进地理解本书介绍的原理、方法与技巧，通俗易懂、言简意赅、简练易学、实用性强。利用第2版的机会，对第1版里的一些错误进行了修改，主要是文字表达不准确的问题。在写作过程中，有个别参考资料，特别是在课堂教学中使用的资料无法找到原始文献的确切出处，在此谨向原作者表示深深的歉意。

本书得以付梓，得益于富怡软件公司和中国纺织出版社有限公司的大力支持。衷心感谢陪伴并给予本书帮助的所有人员。由于时间仓促，加上编者水平有限，本书的疏漏之处，敬请相关专家、广大师生和各位读者批评、指正，愿与您共勉！

编著者
2023年7月

第1版前言

当今社会,科学技术迅猛发展,特别是计算机科学和信息技术更是日新月异,多媒体技术、计算机网络、虚拟现实等给计算机信息科学带来一次又一次的革命,也大大地推动了纺织服装产业的快速发展,服装 CAD 技术在三维人体测量、服装款式设计、工艺设计及生产管理等方面得到了极为广泛的应用,服装 CAD 的普及率也得到了大幅度的提高,数字化服装设计与生产将成为各服装企业快速应对市场需求的重要环节。

为了顺应服装产业快速发展的需求以及服装高等教育培养应用型、复合型、创新型人才的教学要求,根据我们多年的教学实践经验,成功地编写并出版了纺织服装"十二五"职业教育部委级规划教材《服装 CAD 设计》和《服装 CAD 技术》,并取得了良好的效果。为了进一步增强教材的可读性及适应软件的升级换代的要求,我们继续以注重"服装 CAD 应用"为出发点,力求深入浅出,使读者迅速掌握服装 CAD 软件的操作方法与技巧,本书从服装的款式设计、纸样设计、放码和排料等方面详细地介绍了富怡服装 CAD 系统 V10 的特色功能与应用技巧。

全书共三章,第一章由刘兆霞执笔,第二章、第三章由李金强执笔。本书最后由李金强统稿,并进行内容删减调整和修改。本书在编写过程中得到了富怡软件公司和中国纺织出版社有限公司编辑的帮助和指导,富怡软件公司张培武先生在录入过程中给予了大力支持,并在撰写本书中提出了许多宝贵的意见。在此,向上述提到的各位以及给予本书帮助的所有人员表示衷心的感谢。

本书可作为高职高专服装类专业教材,也可供中等专业学校以及使用富怡 CAD 软件的服装培训班和服装设计、服装制板、服装工艺单编制人员使用。

由于时间仓促,再加上编者水平有限,本书难免有疏漏处,恳请读者和同行提出宝贵意见,以便再版时加以修正。

编者
2019 年 6 月

目录

第一章

服装CAD概述

学习目标： 了解服装 CAD 的概念；服装 CAD 的发展历史；国内外服装 CAD 的现状及其发展趋势。明确服装 CAD 对服装产业发展的促进作用，掌握服装 CAD 系统软件、硬件概况，认识富怡 CAD 软件。

学时： 4 学时

第一节　服装CAD基本概述

自 20 世纪 70 年代以来，计算机技术不断发展，特别是微型计算机的发展，推动了许多行业的发展。服装业紧随潮流，在 20 世纪 70 年代初开始引入计算机技术，但早期因为硬件的原因，发展非常缓慢，直到 IBM PC 机问世之后，才加快了发展步伐，而我国服装 CAD 的迅速发展则是近十几年的事情。

一、服装CAD的概念

服装 CAD（Computer Aided Design），指在服装设计中，利用计算机辅助设计帮助设计人员进行设计工作。主要功能是将设计工作所需的数据与方法输入计算机中，通过计算机的计算与处理，将设计结果表现出来，再由人对其进行审视与修改，直至达到预期目的和效果。在此过程中，一些复杂和重复性的工作由计算机完成，而那些判断、选择和创造性强的工作由人来完成，这样的系统就是 CAD 系统。

二、服装CAD的作用

由于对服装产品质量要求的不断提高，对新型技术的需求也不断提升，服装 CAD 系统功能的不断拓宽已成为近年来服装界、CAD 研究人员追求的目标之一。服装 CAD 技术的应用所产生的巨大经济效益，引起了世界范围内研究机构和服装行业的极大关注，并结出了丰硕的成果。据不完全统计，21 世纪初日本服装 CAD 技术普及率已达 80%，欧洲国家已有 70% 以上的服装企业配备了服装 CAD 系统，在我国台湾地区服装企业中普及率达 30%。我国的服装 CAD 技术起步较晚，虽然发展的速度很快，但是和国外技术还是有很大差距。

服装企业引进服装 CAD 系统后，使样板设计、制作效率明显提高。据测算，国内服装企业若完成一套服装样板（包括面板、里板、衬板等），按照一般人工定额，完成一档为 8 个工时，若以推五档计算，就需 40 个工时，如果采用服装 CAD 系统，则只需 10 个工时即可，这就意味着工作周期大大缩短。

（一）服装CAD主要作用的体现

日本数据协会在 20 世纪 90 年代对几十家应用 CAD 技术的企业进行的有关应用效益的调查表明，CAD 系统的作用主要体现在以下几个方面：

（1）90% 的企业提高了产品设计的精度。

（2）78% 的企业减少了产品设计与加工过程中的差错率。

（3）76% 的企业缩短了产品开发的周期。

（4）75% 的企业提高了生产效率。

（5）70% 的企业降低了生产成本。

（二）服装CAD的技术优势

1. 制板效率

服装 CAD 制板远比手工快，特别在省、褶变化比较多的女装制板方面。目前多品种小批量的服装生产特性迫使企业缩短生产周期,加速与客户的有效沟通。

2. 修板

服装CAD在已经推码的板型上只要修基本码,其他号型的板型就自动修改,比手工效率提高100倍以上。

3. 推码

服装CAD在推码方面的效率和准确度已经被大家公认。号型越多,体现的效率越高。

4. 排料

可以学习和传承老师傅的排料经验,让新手也能成为排料能手,节省用料和用人成本。

5. 省空间

一般工厂都有纸样间用来保存纸样,多年下来纸样非常多,不但占用空间,而且查询非常麻烦,服装CAD让所有纸样都成为数字,不管有多少纸样都可以保存在计算机里,每时每刻都能轻松查询。

综上所述,服装数字化是必然趋势,CAD是服装数字化的开始。服装CAD技术在服装工业化生产中起到了不可替代的作用,可以说这项技术的应用是现代化服装工业生产的起始,因此,大力推广服装CAD技术十分必要。

三、服装CAD技术发展概况

(一)国外技术发展现状

服装CAD是20世纪60年代初在美国发展起来的,20世纪70年代,亚洲纺织服装产品冲击西方市场,西方国家的纺织服装工业为了摆脱危机,在计算机技术的高度发展下,促进了服装CAD的研制和开发。作为现代化高科技设计工具的CAD技术,便是计算机技术与传统的服装行业相结合的产物。

在国内外影响较大的主要有美国的格柏(Gerber)公司、法国的力克(Lectra)公司和西班牙的艾维(Investronica)公司等。美国格柏系统注重专业软件的通用化和操作系统的兼容性。法国力克系统比较注重CAD软件的服装专业化和自成体系,而西班牙艾维系统则介于两者之间,同时兼顾操作系统兼容性和CAD软件的专业化。为了增强市场竞争力,许多公司都在界面上做了一定的工作,另外在三维服装CAD系统方面,也有了不小的成就,如美国、加拿大、日本等国都有研制成果推出。美国PGM系统、加拿大派特系统(PAD System)在实现款式从二维裁片到三维显示方面取得了阶段性进展。法国力克目前推广的高版本CDI-U41A已含有三维技术,部分实现了三维设计转化为二维裁片的功能,使设计师可以进行虚拟的立体裁剪设计。

(二)国内技术发展状况

国内服装CAD的研制也有三十多年的历史了,1987年国家科委中国新技术创业投资公司所属的北京太阳电脑公司成立以后,开始了服装CAD系统硬、软件的研制工作。目前共有十几家公司在从事着服装CAD系统的开发研制和推广应用工作,如富怡服装CAD、至尊保坊服装CAD、航天服装CAD、北京日升天辰服装CAD、杭手爱科服装CAD、台湾度卡CAD等。虽说国产服装CAD应用方面的技术同国外相比存在一定差距,但国产服装CAD的价格更符合中国企业的实际，中小企业更愿意接受，其系统之间既可独立运作，又可形成一体共享资源，有些国产的服装 CAD 系统还具有记录、重播和修改设计过程的功能，更便于学习与修改。但就总体而言，国内服装 CAD 系统与国外还有一定差距。从软件的整体技术来看，国外系统的技术覆盖面远远大于国内系统。

本书以富怡服装 CAD 系统来介绍，此系统兼容性较好，能与目前国内外绝大多数的绘图仪和数字化仪连接，且可以进行多种转换格式（如 DXF、AAMA 等），可以与国内外 CAD 系统的资料进行互相转换应用。富怡服装 CAD 系统是目前国内普及率和应用率较高的产品，特别是广东、福建、江浙一些沿海地区应用率较高。已经开发出来的产品有富怡服装工艺 CAD（打板、放码、排料）、工艺单软件、格式转换软件、富怡 FMS 生产管理系统、立体服设计系统及毛衫设计、针织、绣花系统等。

四、服装CAD系统的硬件设备

服装 CAD 系统是以计算机为核心，由软件和硬件两大部分所组成的系统。其中软件是指专门针对服装设计应用而开发的电脑程序，它充分利用系统提供的硬件设备来共同完成服装设计工作。硬件包括通用电脑、数字化仪、扫描仪、数码相机、打印机、绘图机等设备，分别执行计算处理、图形输入、图形输出等特定的任务。

（一）系统主机

通用电脑：通常选用计算机作为服装 CAD 系统的主机。

显示器：计算机系统的重要设备之一。

（二）图形输入设备

输入系统用来获取数字信号，然后输入计算机，包括数字化仪、扫描仪、数码相机等。扫描仪、数码相机用来获取款式效果图或面料，数字化仪用来读取手工已绘制好的纸样。

（三）图形输出设备

输出设备包括打印机、绘图仪和自动裁床等。打印款式效果图一般用彩色打印机，打印纸样则需要幅宽 90cm 以上的绘图仪。

第二节　富怡CAD功能概述

富怡服装 CAD V10 系统（图 1-1）对数据结构和程序框架进行了飞跃性的升级，拓展了大量功能和应用延伸，是用于服装、内衣、鞋帽、箱包、沙发、帐篷等行业的专用打样、放码及排板的软件。可以在计算机上打样、放码，也能将手工纸样通过数码相机输入系统（需另行购买）读入计算机，之后再进行改板、放码、排板、绘图，当然也能读入手工放好码的纸样。可连接超排（需另外购买）。该系统功能强大、操作简单、好学易用，可以极好地提高工作效率及产品质量，是现在服装企业不可缺少的工具。

一、联动功能

本系统打样放码部分采用全新的设计思路，整合公式法与自由设计，特点是联动（图1-2）：包括结构线间联动；纸样与结构线联动调整；转省、合并调整联动；对称等工具的联动；调整一个部位，其他相关部位都一起修改；剪口、扣眼、钻孔、省、褶等元素也可联动。

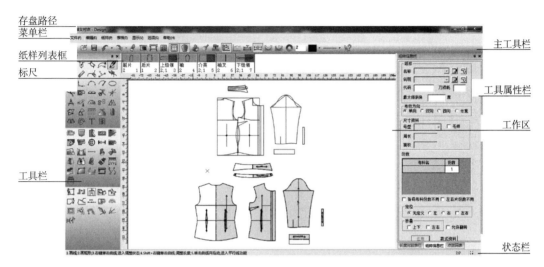

图1-1　富怡CAD系统

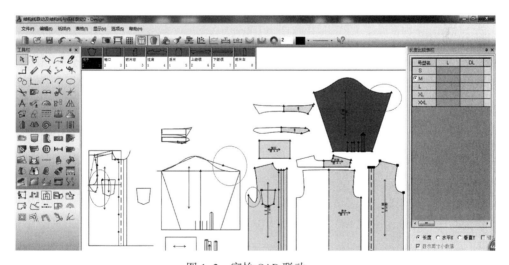

图1-2　富怡CAD联动

（一）结构线联动

结构线与纸样联动：三角形点表示联动点（图1-3）。

（二）转省联动

转省后可以继续更改距离或比例（图1-4）。

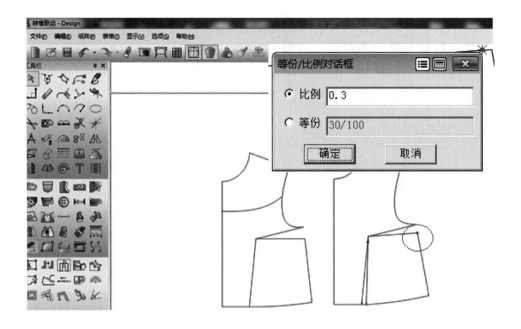

图 1-3　结构线联动

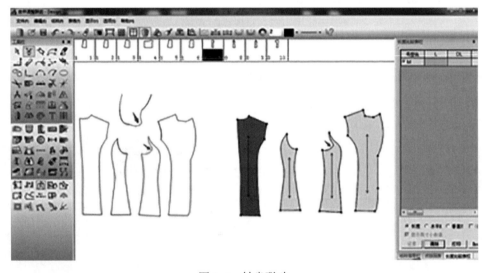

图 1-4　转省联动

（三）合并调整联动

合并调整联动如图 1-5 所示。

（四）省、褶等元素联动

开样放码部分保留原有的服装 CAD 功能，可以加省、转省、加褶等，提供丰富的缝份类型、工艺标识，可自定义各种线型，允许用户建立部件库，例如领子、袖口等部位，使用时直接载入（图 1-6）。

导入其他格式文件，例如，DXF、AAMA、ASTM、AUTOCAD。

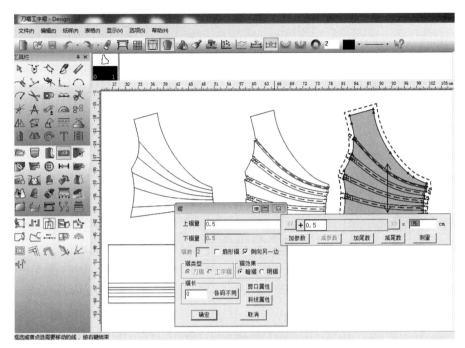

图 1-5　合并调整联动

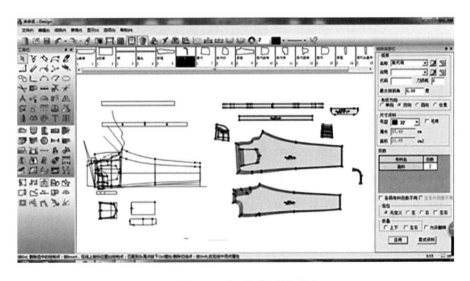

图 1-6　省、褶等元素联动

二、排料

排料（图1-7）可直接读取设计放码系统文件，双界面同时排料，提供超级排料、手动、人机交互、对条对格等多种排料方式，其中超级排料是国际领先技术，系统可以在短时间内完成一个唛架的排料，利用率可以达到超过手动排料，同时也可选择排队超排。系统在排料过程中可以避段差、边差、捆绑、困定等，节省时间，提高工作效率。手动排料，可以对样片进行灵活倾斜，微调以及借布边达到很好的利用率。

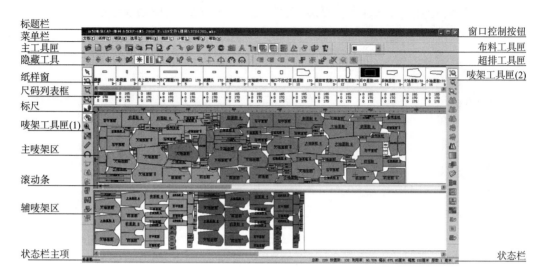

图 1-7　排料界面（一）

排料系统（图 1-8）有玩具、手套、内衣等量身定制功能。复制、倒插唛架功能，使排料达到很高的利用率。可成功读入各种 HPGL 文件，并能导入 HPGL 格式的绘图文件及裁床格式文件，进行重新排料。

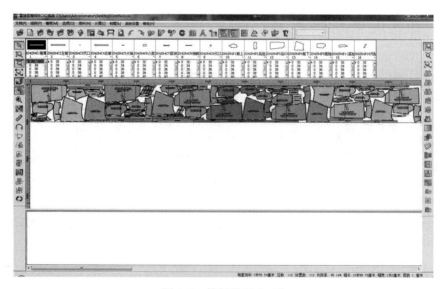

图 1-8　排料界面（二）

排料系统可以算料，快速计算用布量及裁剪件数，提高生产效率，增加对市场的掌控力，节省时间与成本。同时，本系统支持内轮廓排料及切割，可与输出设备接驳，进行小样打印及 1 ：1 纸样的绘图及切割。

思考题

（1）什么是服装 CAD？

（2）服装 CAD 由哪些部分组成？

（3）服装 CAD 有哪些功能？

（4）简要分析服装 CAD 的发展趋势。

（5）简述企业配置服装 CAD 的必要性。

第二章

富怡设计与放码CAD系统

学习目标：通过本章学习，了解打板、推板（放码）系统的构成，熟悉各个工具的作用并掌握其应用，能够利用系统提供的工具解决具体问题，并能够进行简单的实际打板操作。

学时：32 学时

第一节　快捷键、鼠标滑轮及键盘

一、快捷键、鼠标滑轮及键盘介绍

富怡设计与放码 CAD 系统的快捷键、鼠标滑轮及键盘用途介绍，见表 2-1。

表2-1　富怡CAD系统快捷键

快捷键	工具名称或用途	快捷键	工具名称或用途
A	调整工具	F5	切换缝份线与纸样边线
B	等距线、相交等距线	F7	显示（隐藏）缝份线
C	圆规	F8	显示下一个号型
D	等份规	Shift+F8	显示上一个号型
E	橡皮擦	F9	匹配整段线（分段线）
F	智能笔	F10	显示（隐藏）绘图纸张宽度
G	成组复制、移动	F11	匹配一个码（所有码）
J	对接	F12	工作区所有纸样放回纸样窗
K	对称复制	Ctrl+F7	显示（隐藏）缝份量
L	角度线	Ctrl+F10	一页打印时显示页边框
M	对称调整	Ctrl+F11	1∶1 显示
N	合并调整	Ctrl+F12	纸样窗所有纸样放入工作区
P	点	Shift+F12	纸样在工作区的位置关联（不关联）
R	比较长度	Ctrl+N	新建
S	矩形	Ctrl+O	打开
T	靠边	Ctrl+S	保存
V	连角	Ctrl+A	另存为
W	剪刀	Ctrl+C	复制纸样
Z	各码对齐	Ctrl+V	粘贴纸样
F2	切换影子与纸样边线	Ctrl+D	删除纸样
F3	显示（隐藏）两放码点间的长度	Ctrl+Q	生成影子
F4	显示所有号型（仅显示基码）	Ctrl+E	号型编辑
Ctrl+F	显示（隐藏）放码点	Shift+ 右键	水平垂直点
Ctrl+K	显示（隐藏）非放码点	Ctrl+ 右键	闭合曲线
Ctrl+J	颜色填充（不填充）纸样	Ctrl+Shift+Alt+G	删除全部基准线

快捷键	工具名称或用途	快捷键	工具名称或用途
Ctrl+H	调整时显示（隐藏）弦高线	ESC	取消当前操作
Ctrl+R	重新生成布纹线	Shift+ 修改工具	移动标注或测量工具记录的变量
Ctrl+B	旋转复制	Shift	画线时，按住 Shift 在曲线与折线间转换或者转换结构线上的直线点与曲线点
Shift+C	剪断线	回车键	文字编辑的换行操作、弹出光标所在关键点移动对话框
Ctrl+Z	撤销	X 键	与各码对齐结合使用，放码量在 X 方向上对齐
Shift+S	曲线调整	Y 键	与各码对齐结合使用，放码量在 Y 方向上对齐
Ctrl+Y	重新执行	U 键	按下 U 键的同时，单击工作区的纸样可放回到纸样列表框中
Shift+F4	显示（隐藏）结构线放码	Delete	鼠标光标为智能笔、调整工具时，右键点击线段，把鼠标放在点或线上，按 Delete 可删除点或线

二、表格中内容的补充说明

1.【F11】匹配一个码（所有码）

布纹线移动或延长时，匹配一个码或匹配所有码；用【T】移动文字时，匹配一个码或所有码；用橡皮擦删除辅助线时，匹配一个码或所有码。

注意：当软件界面的右下角 数字 cm 有一个点时，匹配当前选中的码，右下角有四个点显示时，匹配所有码。

2.【Z】键各码对齐操作（点放码后查对齐）

用 选择纸样控制点工具，选择一个点或一条线；按【Z】键，放码线就会按控制点或线对齐，连续按【Z】键放码量会以该点在 XY 方向对齐、Y 方向对齐、X 方向对齐、恢复间循环。

3. 鼠标滑轮

在选中任何工具的情况下，向前滚动鼠标滑轮，工作区的纸样或结构线向下移动；向后滚动鼠标滑轮，工作区的纸样或结构线向上移动；单击鼠标滑轮为全屏显示。

4. 按下【Shift】键

向前滚动鼠标滑轮，工作区的纸样或结构线向右移动；向后滚动鼠标滑轮，工作区的纸样或结构线向左移动。

5. 键盘方向键

按上方向键【↑】，工作区的纸样或结构线向下移动；按下方向键【↓】，工作区的纸样或结构线向上移动；按左方向键【←】，工作区的纸样或结构线向右移动；按右方向键【→】，工作区的纸样或结构线向左移动。

6. 小键盘【＋】【－】

小键盘【＋】键，每按一次此键，工作区的纸样或结构线放大显示一定的比例；小键盘【－】键，每按一次此键，工作区的纸样或结构线缩小显示一定的比例。

7. 空格键功能

在选中任何工具情况下，把光标放在纸样上，按一下"空格键"，即可变成移动纸样光标；用 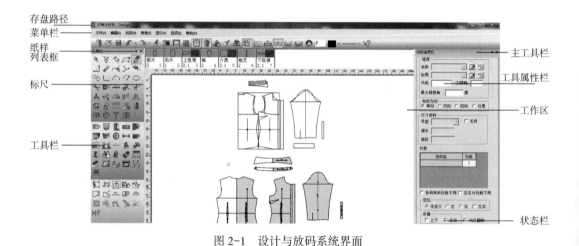选择纸样控制点工具，框选多个纸样，按一下"空格键"，选中纸样可一起移动。

在使用任何工具情况下，按下"空格键"（不弹起）光标转换成放大工具，此时向前滚动鼠标滑轮，工作区内容就以光标所在位置为中心放大显示，向后滚动鼠标滑轮，工作区内容就以光标所在位置为中心缩小显示。单击右键为全屏显示。

第二节　设计与放码系统界面

一、系统界面介绍

系统的工作界面（图2-1）就好比是用户的工作室，熟悉了界面也就熟悉了工作环境，自然就能提高工作效率。

图2-1　设计与放码系统界面

二、存盘路径

显示当前打开文件的存盘路径。

三、菜单栏

该区是放置菜单命令的地方，且每个菜单的下拉菜单中又有各种命令。单击菜单时，会弹出一个下拉式列表，可用鼠标单击选择一个命令。也可以按住【Alt】键敲菜单后的对应字母，菜单即可选中，再用方向键选中需要的命令。

四、主工具栏

用于放置常用命令的快捷图标，为快速完成设计与放码工作提供方便。

五、纸样列表框

用于放置当前款式中的纸样。每一个纸样放置在一个小格的纸样框中，纸样框布局可通过【选项】—【系统设置】—【界面设置】—【纸样列表框布局】改变其位置。纸样列表框中放置了本款式的全部纸样，纸样名称、份数和次序号都显示在这里，拖动纸样可以对顺序调整，不同的布料显示不同的背景色。在纸样列表框点鼠标右键，可以选择排列方式，并可显示所有纸样。

六、标尺

显示当前使用的度量单位。

七、工具栏

该栏放置绘制及修改结构线、纸样、放码的工具。

八、工具属性栏

选中工具时，侧边会相应显示该工具的属性栏，使得一个工具能够满足更加多的功能需求，减少切换工具的时间。

九、工作区

工作区如一张无限大的纸张，可在此进行设计工作。工作区中既可以设计结构线，也可以对纸样进行放码，绘图时可以显示纸张边界。

十、状态栏

状态栏位于系统的最底部，它显示当前选中的工具名称及操作提示。

第三节　主工具栏

富怡CAD系统主工具栏如图2-2所示。

图2-2　主工具栏

一、■新建（【Ctrl】+【N】）

1. 功能

新建一个空白文档。

2. 操作

单击■图标或按【Ctrl】+【N】，新建一个空白文档，如果工作区内有未保存的文件，则会弹出【存储档案吗？】对话框询问是否保存，单击【是】则会弹出【保存为】对话框，选择好路径输入文件名，按【保存】，则该文件被保存（如已保存过则按原路径保存）。

二、■打开（【Ctrl】+【O】）

1. 功能

用于打开储存的文件。

2. 操作

单击■图标或按【Ctrl】+【O】，弹出【打开】对话框，再选择适合的文件类型，按照路径选择文件，单击【打开】（或双击文件名），即打开一个保存过的纸样文件。

3.【查找档案】参数说明

单击该按钮，则弹出【查找档案】对话框，如图2-3所示。

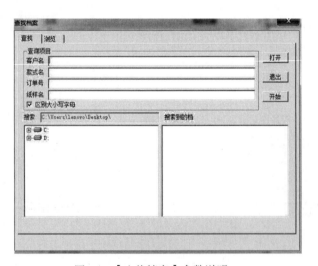

图2-3 【查找档案】参数说明

4.【查找】选项卡

按照查询项目的提示内容，输入有关文档的内容，选中【搜索】下面的盘符名（图2-4），点击【开始】，待【搜索到的档案】栏下显示出文件名，单击【打开】即可。

5.【浏览】选项卡

按照路径选择出文件夹，浏览框即显示出该文件夹的所有DGS文件的款式图（图2-5），没有款式图的则以"×"表示。

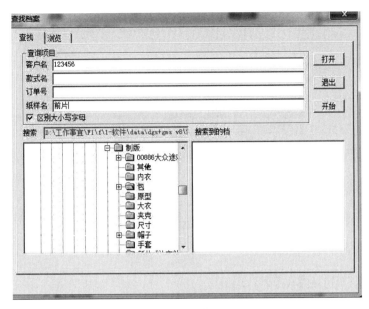

图 2-4 【查找】选项卡

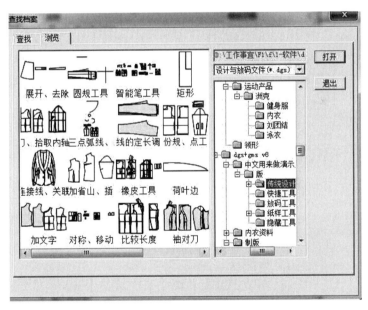

图 2-5 【浏览】选项卡

三、 保存（【Ctrl】+【S】）

1. 功能

用于储存文件。

2. 操作

（1）单击 图标或按【Ctrl】+【S】，第一次保存时弹出【文档另存为】对话框，指定路径后，在【文件名】文本框内输入文件名，点击【保存】即可，如图 2-6 所示。

（2）再次保存该文件，则单击该图标或按【Ctrl】+【S】即可，文件将按原路径、原文件名保存。

注意：首次保存文件前在款式资料的款式名中输入了款式名，那么保存时会自动以款式名作为文件名来保存。如果文件没改动，图标是灰色的，是非激活状态。

图 2-6　保存

四、 撤销（【Ctrl】+【Z】）

1. 功能

用于按顺序取消做过的操作指令，每按一次可以撤销一步操作。

2. 操作

图 2-7　撤销

（1）单击该图标（图 2-7），或按【Ctrl】+【Z】，或点击鼠标右键，再单击【Undo】。

（2）点击工具下小三角，再点击记录的操作步骤，可返回到相应的操作位置。

注意：当无法撤销操作，该图标及【Undo】变成灰色。

五、 重新执行（【Ctrl】+【Y】）

1. 功能

把撤销的操作再恢复，每按一次就可以复原一步操作，可以执行多次。

2. 操作

图 2-8　重新执行

（1）单击该图标（图 2-8），或按【Ctrl】+【Y】。

（2）点击工具下小三角，再点击记录的操作步骤，可返回撤销过的位置。

六、 读纸样

1. 功能

借助数化板、鼠标，可以将手工做的基码纸样或放好码的网状纸样输入计算机中。

2. 操作

（1）读基码。

①用胶带把纸样贴在数化板上。

②单击 图标，弹出【读纸样】对话框，用数化板鼠标的【+】字准星对准需要输入的点（表2-2）。按顺时针方向依次读入边线各点，按【2】键纸样闭合。

表2-2 十六键鼠标各键的预置功能

快捷键	功能	快捷键	功能	快捷键	功能
1键	直线放码点	6键	钻孔（十字叉）	A键	直线非放码点
2键	闭合（完成）	7键	曲线放码点	B键	读新纸样
3键	剪口点	8键	钻孔（十字叉外加圆圈）	C键	撤销
4键	曲线非放码点	9键	眼位	D键	布纹线
5键	省（褶）	0键	圆	E键	放码
F键	辅助键（用于切换 ▨ ▧ ☆ ▨ 的选中状态）				

③这时会自动选中开口辅助线 ▨ （如果需要输入闭合辅助线单击 ▧ ，如果是挖空纸样单击 ☆ ），根据点的属性按下对应的键，每读完一条辅助线或挖空一个地方或闭合辅助线，都要按一次【2】键。

④完成辅助线和轮廓线之后，读入其他内部标记。

⑤单击对话框中的【读新纸样】，则先读的一个纸样出现在纸样列表内，【读纸样】对话框空白，此时可以读入另一个纸样。

⑥全部纸样读完后，单击【结束读样】。

注意：对于钻孔、扣位、扣眼、布纹线、圆、内部省，可以在读边线之前读也可以在读边线之后读。

⑦举例说明，如图2-9读纸样所示，被圈住数字（如①）或字母（如Ｄ）表示鼠标键，没圈住数字（如1）表示读图顺序号。

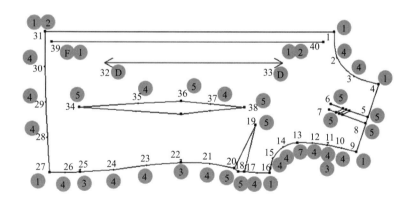

图2-9 读纸样步骤

A. 序号1、2、3、4依次用【1】键、【4】键、【4】键、【1】键读。

B. 用鼠标【1】键在菜单上选择对应的刀褶，再用【5】键读此褶。用【1】键、【4】键读相应的点，用对应键按序读对应的点。

C. 序号 11，如果读图对话框中选择的是【放码曲线点】，那么就先用【4】键再用【3】键读该位置。

D. 读完序号 17 后，用鼠标【4】键在菜单上选择对应的省，再读该省。

E. 序号 22、序号 25，可以直接用【3】键。

F. 序号 31，先用【1】键读再用【2】键读。

G. 读菱形省时，先用鼠标【1】键在菜单上选择菱形省，因为菱形省是对称的，只读半边即可。

H. 读开口辅助线时，每读完一条辅助线需要按一次【2】键来结束。

（2）读放码纸样。

①单击【号型】菜单—【号型编辑】，根据纸样的【号型编辑】指定基码，单击确定。

②把各纸样按从小码到大码的顺序，以某一边为基准，整齐的叠在一起，将其固定在数化板上。

③单击 图标，弹出【读纸样】对话框，先用【1】键输入基码纸样的一个放码点，再用【E】键按从小码到大码顺序（跳过基码）读入与该点相对应的各码放码点。

④参照此法，输入其他放码点，非放码点只需读基码即可。

⑤输入完毕，最后用【2】键完成。

（3）读图说明。

①在【设置规格号型表】对话框中输入 4 个号型，如 S、M、L、XL，为了方便读图把最小码 S 设为基码。

②把放码纸样图按照图 2-10 所示贴在数化板上。

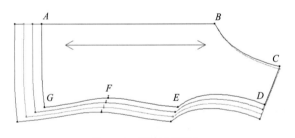

图 2-10 放码纸样图

③从点 A 开始，按顺时针方向读图，用【1】键在基码点上单击，用【E】键分别在 A_1、A_2、A_3 上单击，如图 2-11 所示。

④用【1】键在点 B 上单击（点 B 没放码），再用【4】键读基码的领口弧线。

⑤用【1】键在点 C 上单击，再用【E】键在点 C 上单击一下，再在点 C_2 上单击两次（领宽是两码一档差），如图 2-12 所示。

⑥点 D 的读法同点 A，接着用【4】键读袖窿，其他放码点和非放码点同前面的读法，再用【2】键完成。

图 2-11　读图步骤（一）　　　　　　图 2-12　读图步骤（二）

注意：十六键鼠标，可以根据不同点的属性，用各键的预置功能进行读入（表2-2）。如果是四键鼠标，可以单击对话框【按键】后下拉菜单选择按键，再在【功能】下拉菜单中选择对应功能，也可以借助菜单上功能读图。

（4）各种辅助线、省、褶等操作方法见表2-3。

表2-3　辅助线、省、褶等操作方法

类型	操作	示意图
开口辅助线	读完边线后，系统会自动切换，用【1】键读入端点、中间点（按点的属性读入，如果是直线读入【1】键，如果是弧线读入【4】键）、【1】键读入另一端点，按【2】键完成	
闭合辅助线	读完边线，单击，根据点的属性输入即可，按【2】键闭合	
内边线	读完边线，单击，根据点的属性输入即可，按【2】键闭合	
V型省	读边线读到V型省时，先用【1】键单击在菜单上的V型省（软件默认为V型省，如果没读其他省而读此省时，不需要在菜单上选择），按【5】键依次读入省底起点、省尖、省底终点。如果省线是曲线，在读省底起点后按【4】键读入曲线点。因为省是对称的，弧线省时用【4】键读一边就可以了	
锥型省	读边线读到锥型省时，先用【1】键单击菜单上锥型省，然后用【5】键依次读入省底起点、省腰、省尖、省底终点。如果省线是曲线，在读省底起点后按【4】键读入曲线点。因为省是对称的，弧线省时用【4】键读一边就可以了	
内V型省	读完边线后，先用【1】键单击菜单上的内V型省，再读同V型省，操作同锥型省	

类型	操作	示意图
内锥型省	读完边线后，先用【1】键单击菜单上的内锥型省，再读锥型省，操作同锥形省	
菱型省	读完边线后，先用【1】键单击菜单上的菱型省，按【5】键顺时针依次读省尖、省腰、省尖，再按【2】键闭合。如果省线是曲线在读入省尖后可以按【4】键读入曲线点。因为省是对称的，弧线省时用【4】键读一边就可以了	
褶	读工字褶（明、暗）、刀褶（明、暗）的操作相同，在读边线时，读到这些褶时，先用【1】键选择菜单上褶的类型及倒向，再用【5】键顺时针方向依次读入褶底、褶深。1、2、3、4表示读省顺序	
剪口	在读边线读到剪口时，按点的属性选【1】、【4】、【7】、【A】其中之一再加【3】键读入即可。如果在读图对话框中选择曲线放码点，在曲线放码上加读剪口，可以直接用【3】键读入	
布纹线	边线完成之前或之后，按【D】键读入布纹线的两个端点，如果不输入布纹线，系统会自动生成一条水平布纹线	$D \longleftrightarrow D$
扣眼	边线完成之前或之后，用【9】键输入扣眼的两个端点	
打孔	边线完成之前或之后，用【6】键单击孔心位置	
圆	边线完成之前或之后，用【0】键在圆周上读三个点	
款式名	用【1】键先点击菜单上的"款式名"，再点击表示款式名的数字或字母。一个文件中款式名只读一次即可	
简述、客户名、订单号	同上	
纸样名	读完一个纸样后，用【1】键点击菜单上的"纸样名"，再点击对应名称	
布料、份数	同上	
文字串	读完纸样后，用【1】键点击菜单上的"文字串"，再在纸样上单击两点（确定文字位置及方向），再点击文字内容，最后再点击菜单上的"回车"	

注意：

①读边线和内部闭合线时，按顺时针方向读入。

②省褶：读边线省或褶时，最少要先读一个边线点；读V型省时，如果打开读纸样对话框还未读其他省或褶，就不用在菜单上选择；在一个纸样连续读同种类型的省或褶时，只需

在菜单上选择一次类型。

③布料、份数：一张纸样上有多种布料，如有一个纸样面有2份，黏合衬有1份，用【1】键先点击"布料"，再点击布料的名称"面"，再点击"份数"，再点击相应的数字"2"，再点击"布料"，再点击另一种布料名称"黏合衬"，再点击"份数"，再点击相应的数字"1"。

3.【读纸样】参数说明

【读纸样】的对话框如图2-13所示。

图2-13　【读纸样】对话框

① 剪口 T　剪口点类型 放码曲线点　剪口后的下拉框中有多种剪口类型供选择，选中的为读图时显示的剪口类型，剪口点类型后的下拉框中有四种点类型供选择，如上所示选择为曲线放码点，那么读到在曲线放码点上的剪口时，直线用【3】键即可。

② 设置菜单(M)　当第一次【读纸样】或菜单被移动过，需要设置菜单。操作：把菜单贴在数化板有效区的某边角位置，单击该命令，选择"是"后，用鼠标【1】键依次单击菜单的左上角、左下角、右下角即可。

③ 读新纸样(N)　当读完一个纸样，单击该命令，被读纸样放回纸样列表框，可以再读另一个纸样。

④ 重读纸样(R)　读纸样时，当错误步骤较多，用该命令后重新读样。

⑤ 补读纸样(A)　当纸样已放回纸样窗，单击该按钮可以补读，如剪口、辅助线等。操作：选中纸样，单击该命令，选中纸样就显示在对话框中，再补读未读元素。

⑥ 结束读样(E)　用于关闭读图对话框。

七、绘图

1. 功能

按比例绘制纸样或结构图。

2. 操作

（1）把需要绘制的纸样或结构图在工作区中排好，如果是绘制纸样也可以单击【编辑】

菜单，自动排列绘图区。

（2）按【F10】键，显示纸张宽边界（若纸样出界，布纹线上有圆形红色警示，则需把该纸样移入界内）。

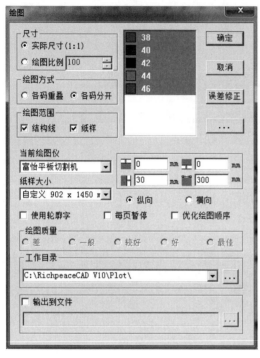

图 2-14 【绘图】对话框

（3）单击该图标，弹出【绘图】对话框。

（4）选择需要的绘图比例及绘图方式，在不需要绘图的尺码上单击使其没有颜色填充。

（5）在对话框中设置当前绘图仪型号、纸张大小、预留边缘、工作目录等。

（6）单击【确定】即可绘图，如图 2-14 所示。

注意：在绘图中心中设置连接绘图仪的端口；要更改纸样内外线输出线型、布纹线、剪口等设置，则需在【选项】—【系统设置】—【打印绘图】设置。

3.【绘图】对话框参数说明

（1）【实际尺寸】：是指将纸样按 1∶1 的实际尺寸绘制。

（2）【绘图比例】：点选该项后，其后的文本框显亮，在其中可以输入绘制纸样与实际尺寸的百分比。

（3）【各码重叠】：指输出的结果是各码重叠显示。

（4）【各码分开】：是指各码独立输出的方式。对话框右边的号型选择框，是用来选择输出号型，显蓝的码是输出号型，如不想输出的号型，单击该号型名使其变白即可，该框的默认值为全选。

（5）【绘图范围】：可选择绘制结构线或纸样。

（6）【当前绘图仪】：用于选择绘图仪的型号，单击旁边的小三角会弹出下拉列表，选择当前使用的绘图仪名称。

（7）【纸张大小】：用于选择纸张类型，单击旁边的小三角会弹出下拉列表，选择纸张类型，也可以选择自定义，在弹出的对话框中输入页大小，单击【确定】即可。

①设置绘图纸的左边距。

②设置绘图纸的右边距。

③设置本次绘图与下次绘图的间距。

④设置对位标记间距。

（8）【纵向】、【横向】：用于选择绘图的方向。

（9）【输出到文件】：勾选，可以把工作区纸样存储成 PLT 文件。在绘图中心直接调出 PLT 文件绘图，这样即使连接绘图仪的计算机上没有服装软件也可以绘图。具体操作如下：

①在【绘图仪】对话框，勾选【输出到文件】。

②单击 图标弹出【输出文件名】对话框，输入文件名，单击【保存】回到【绘图仪】对话框，点击【确定】，回到【绘图】对话框，再次【确定】即可保存，如图 2-15 所示。

（10）【工作目录】：指绘图时的工作路径。在本机上绘图，须在本机上把"富怡服装 CAD V10"中的 PLOT 共享，工作目录选择该机共享的 PLOT 即可。如果有 A、B 两台计算机，计算机 A 与绘图仪相连，计算机 B 要通过网络绘图，首先把计算机 A 中的"富怡服装 CAD V10"下的 PLOT 共享，在 B 计算机的工作目录选择 A 计算机中的 PLOT 即可。如果计算机较多时，为了更快速找到连接绘图的计算机，在此可直接输入 IP 地址。

图 2-15　【输出文件名】对话框

注意：绘图端口是在绘图中心中设置。

（11）【误差修正】：用于校正绘图尺寸而不是实际尺寸。具体操作如下：

①单击【误差修正】弹出【密码】对话框，输入密码后，单击【确定】。使用密码的客户需要向富怡公司咨询。

②弹出【绘图误差修正】对话框。

A. 图标指在幅宽方向填入 1000mm 实际绘出的值。

B. 图标指在幅长方向填入 1000mm 实际绘出的值。

③在软件中做一个 1000mm×1000mm 的矩形，如实际绘出的幅宽是 998mm，幅长是998.2mm，那么需要在幅宽方向输入 998mm，在幅长方向输入 998.2mm，单击【确定】即可。

特别注意的是：这一部分不要轻易修改。

八、█ 规格表

1. 功能

编辑号型尺码及颜色，以便放码。可以输入服装的规格尺寸，方便打板、自动放码时采用数据，同时也就备份了详细的尺寸资料，也可以快速打开 Excel 编辑过的尺寸表。

2. 操作

（1）单击此工具，出现【规格表】对话框（图 2-16）。

（2）默认为单组，在号型名上单击，会自动附加行（在第二行单击，会自动附加上第三行），在第一列中可输入款式的部位名称。

（3）在基码（示意图上为 M）上单击，会自动附加码（在第三列单击，会自动附加上第四列），在第一行中可输入号型名。

（4）在各号型名下可输入各部位对应的尺寸，在号型后面的颜色框上可设置各码的显示色。

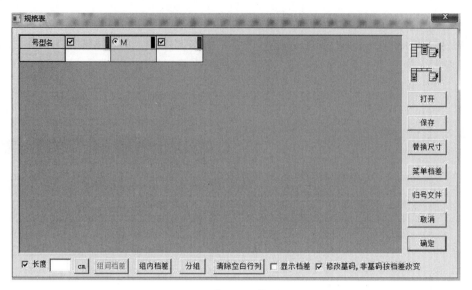

图 2-16 【规格表】对话框

3.【设置号型规格表】参数说明

（1）【打开】：打开格式为.xls/xlsx（Excel 文件），.siz（富怡号型文件）的号型文件，如果表格中已经存在人体尺寸，被当前款式使用，则该功能不能使用。

注意：读 Excel 文件需要满足下列要求：

①如果号型没有分组：号型行的第一列（人体尺寸名称所在的列）必须不能为空。

②如果是分组号型：组名行的第一列（人体尺寸名称所在的列）必须为空，号型行的第一列（人体尺寸名称所在的列）必须不能为空。

③在编辑 Excel 时表格中的数据最好以 【存储】保存当前表格中的人体尺寸，格式为.xls/xlsx（Excel 文件），.siz（富怡号型文件）。

（2）【替换尺寸】：将当前表格中的尺寸数据替换成读入文件中的数据。替换文件要求：

①读入文件的人体尺寸的号型与当前规格表中的号型个数一样多。

②当前规格表中的人体尺寸名称在读入的文件人体尺寸中都能找到，缺少一个都不能替换，包含没有显示的长度或者非长度。

③读入之后基码、号型颜色、号型名称沿用当前规格表中的。

（3）【菜单档差】：该功能是用来设置表格中右键中的菜单数据。

（4）【归号文件】：用来打开富怡工艺单软件归号文件（*.SML）。

（5）【长度】：勾选该项，表示当前表格中数据为长度单位的人体尺寸，例如，衣长、裤长等。不勾选该项，表示当前表格中数据为角度，常量的人体尺寸，例如，肩斜角、比例等。

注意：操作该项时会对表格数据保存，因此需要保证当前表格数据正确。

（6）【组间档差】：该控件只有在表格号型分组之后才能使用，对各组的基码按照档差编辑框的数据，根据总基码对每组的基码进行赋值（总基码除外），所有组内基码的档差为编辑框数据。

（7）【组内档差】：对选择的号型组，按照组内基码和档差编辑框的数据，对该组非基码数据进行赋值，所有非基码的档差为编辑框数据。

（8）【分组】：表格的号型进行分组。

（9）【清除空白行列】：清除没有数据、号型名、人体尺寸名的行和列。

（10）【显示档差】：选中，表示表格中的数据按档差显示，总基码按实际数据显示。

（11）【修改基码、非基码按档差改变】：选中，表示修改基码数据时，该组的非基码按原有档差变化。在选中的号型名表格中点击右键，弹出菜单，可以对号型进行插入、删除、设置基码。

九、⊞ 显示/隐藏结构线

可在【选项】—【系统设置】—【自定义快捷键】里定义快捷键。

1. 功能

选中该图标为显示结构线，否则为隐藏结构线。

2. 操作

单击该图标，图标凹陷为显示结构线，再次单击，图标凸起为隐藏结构线。

十、🗃 显示/隐藏纸样

可在【选项】—【系统设置】—【自定义快捷键】里定义快捷键。

1. 功能

选中该图标为显示纸样，否则为隐藏纸样。

2. 操作

单击该图标，图标凹陷为显示纸样，再次单击，图标凸起为隐藏纸样。

十一、�️ 仅显示一个纸样

1. 功能

（1）选中该图标时，工作区只有一个纸样并且以全屏方式显示，即纸样被锁定。没选中该图标，则工作区同时可以显示多个纸样。

（2）纸样被锁定后，只能对该纸样操作，这样可以排除干扰，也可以防止对其他纸样的误操作。

2. 操作

（1）选中纸样，再单击该图标，图标凹陷，纸样被锁定。

（2）单击纸样列表框中其他纸样，即可锁定新纸样。

（3）单击该图标，图标凸起，可取消锁定。

十二、Σ 公式法自由法切换

1. 功能

切换是自由法打板还是公式法打板。

2. 操作

按下去为公式法打板，弹起来为自由法打板。

十三、按不同颜色显示线类型

1. 功能

公式法打板针对特殊线显示的颜色进行显示，例如，平行线、旋转线、对称线。

2. 操作

（1）公式法打板中平行线、对称线、旋转线、定长线、成组复制显示一个颜色，为公式法特殊线颜色，如图 2-17 所示。

（2）如果当前为公式法打板，那么自由法打板将呈现另一个颜色（为当前非模式线颜色），如果当前为自由法打板，那么公式法打板将呈现另外一个颜色（为当前非模式线颜色），如图 2-18 所示。

注意：线的显示颜色一定是要在图标该功能开启才会显示，否则将不会显示。

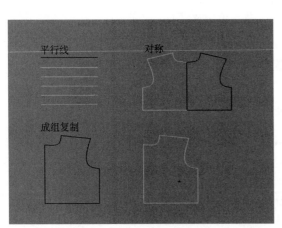

图 2-17　公式法打板显示线

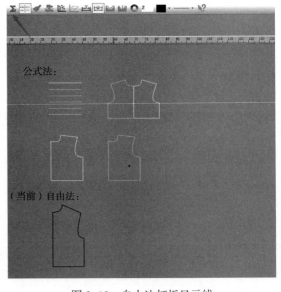

图 2-18　自由法打板显示线

十四、将工作区的纸样收起

1. 功能

将选中纸样从工作区收起。

2. 操作

（1）用图标选中需要收起的纸样。

（2）单击该图标，则选中纸样被收起。

十五、 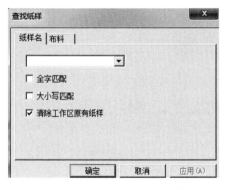 纸样按查找方式显示

1. 功能

按照纸样名或布料把纸样窗的纸样放置在工作区中，便于检查纸样。

2. 操作

（1）单击该图标，弹出【查找纸样】对话框。

（2）如果按纸样名查（图2-19），选中【纸样名】选项卡，输入要查找的纸样名，选择合适的选项，单击确定，该纸样即可放入工作区中。

注意：如文件中有纸样名，前、前中、前侧，如果在此对话框中输入"前"字，并勾选【全字匹配】，那么只有纸样名为"前"的纸样会放入工作区中。如果不勾选【全字匹配】，则纸样名中有"前"字的纸样（前、前中、前侧）都会放入工作区中。

（3）如果按布料查（图2-20），选中【布料】选项卡，选中其中布料名或布料份数，单击确定，符合条件的纸样即可放入工作区中。

注意：

①【布料名称】：按选中的布料名把纸样放置于工作区。

②【布料份数】：按选中的布料份数把纸样放置于工作区。

图2-19　按纸样名查找纸样

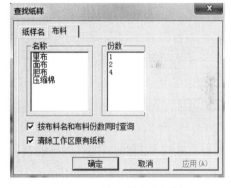

图2-20　按布料查找纸样

十六、 点放码表

1. 功能

对单个点或多个点放码时用的功能表，也可以选择点的属性。

2. 操作

（1）点类型。

①如图2-21所示，在拐角处的三角点（A、B、C、D）为转折点及放码点，方框点为放码点（如AB线上的点），不在拐角处的三角点为曲线点（此曲线点为关联点，只有点为三角情况下，才能与结构线关联，如BC线上的点）。

② 图标，选择工具更改点的属性。

（2）放码操作。

①点击【表格】—【规格表】，或单独点击规格表图标 ，设置各码的型号及颜色。

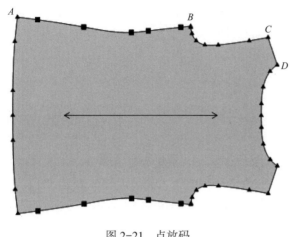

图 2-21　点放码

②单击 ▦ 图标，弹出点放码表。

③用 ▦ 图标单击或框选放码点，dX、dY 栏激活。

④可以在除基码外的任何一个码中输入放码量。

⑤再单击 ▥ 图标（X 相等）、▤ 图标（Y 相等）或 ▦ 图标（X、Y 相等）等放码按钮，即可完成该点的放码。

注意：放码技巧（盲输）：

①如果 X 方向、Y 方向都需要放码，用 ▦ 选择纸样控制点工具左键框选一个或多个放码点，直接用键盘敲 X 方向的档差量，按回车后再敲 Y 方向上的放码量再次按回车，选中的放码点即可被放码。

②如果只需要 X 方向放码，用 ▦ 选择纸样控制点工具左键框选一个或多个放码点后，先输入 X 再输入档差量后按回车，选中的放码点即可被放码。

③如果只需要 Y 方向放码，用 ▦ 选择纸样控制点工具左键框选一个或多个放码点后，先输入 Y 再输入档差量后按回车，选中的放码点即可被放码。

④在点放码表中输入放码量，直接按回车进行等距放码。

3.【点放码表】参数说明

号型栏下是号型名称，号型名称前面是方框图时（□）为非基码号型，方框内打"√"为显示，不打"√"为隐藏；号型名称前面是圆圈图时（○）为基码，圈内有"·"基码为显示状态，圈内无"·"基码为隐藏状态。如果号型是单组，数据只能在非基码中输入，如果号型分了组，数据可以在非基码组的基码中输入。

（1）▦ 复制放码量。

①功能：用于复制已放码点（可以是一个点或一组点）的放码值。

②操作：

A.用选择纸样控制点 ▦ 按钮，单击或框选或拖选已经放过码的点，点放码表中立即显示放码值。

B. ▦ 单击 ▦ 按钮，这些放码值即被临时储存起来（用于粘贴）。

（2）粘贴 X 方向与 Y 方向放码量。

①功能：将 X 和 Y 两方向上的放码值粘贴在指定的放码点上。

②操作：

A.在完成【复制放码量】命令后，单击或框选或拖选要放码的点。

B.单击 ▦ 按钮，即可粘贴 X 方向与 Y 方向放码量。

（3）▦ 粘贴 X。

①功能：将某点水平方向（X 方向）的放码值粘贴到选定点的水平方向上。

②操作：

A．在完成【复制放码量】命令后，单击或框选某一要放码的点。

B．单击█按钮，即可粘贴 X 方向放码量。

（4）█粘贴 Y。

①功能：将某点垂直方向（Y 方向）的放码值粘贴到选定点的垂直方向上。

②操作：

A．在完成【复制放码量】命令后，单击或框选要放码的点。

B．单击█按钮，即可粘贴 Y 方向放码量。

（5）█ X 取反。

①功能：使放码值在水平方向上反向取，换句话说，是某点放码值的水平值由 $+X$ 转换为 $-X$，或由 $-X$ 转换为 $+X$。

②操作：选中放码点，单击该按钮即可。

（6）█ Y 取反。

①功能：使放码值在垂直方向上反向取，换句话说，是某点放码值的 Y 方向由 $+Y$ 转换为 $-Y$，或由 $-Y$ 转换为 $+Y$。

②操作：选中放码点，单击该按钮即可。

（7）█ X、Y 取反。

①功能。使放码值在水平和垂直方向上都反向取，换句话说，是某点放码值的 X 和 Y 方向都变为 $-X$ 和 $-Y$，反之亦可。

②操作：选中放码点，单击该按钮即可。

（8）█根据档差类型显示号型名称 █相对档差▼ 显示方式。

功能：没选中该按钮时，号型下方显示的号型名称与号型规格表中的号型名称一致。选中该按钮，例如有 S、M（基码）、L、XL、XXL 五个号型，同时选中相对档差时，号型下方的每行表格中显示本号型与相邻号型（基码除外），如 S—M、M、L—M、XL—L、XXL—XL；如果选中绝对档差时，号型下方的每行表格中显示本号型与基码，如 S—M、M、L—M、XL—M、XXL—M；如果选中从小到大，号型下方 S—M、M—L、L—XL、XL—XXL、XXL。

如图 2-22 所示，此显示列出前一个码与后一个码之间的档差，最后一个码的放码量不允许修改。当按下 █ 按钮，在选择此种档差模式的时候，系统忽略掉是否按下"自动判断放码量正负"，如果 $dX < 0$，表示沿水平方向向左，反之向右；如果 $dY < 0$，表示沿垂直方向向下，反之向上。如果当前为角度放码，则根据屏幕中显示的坐标轴来确定 dX、dY 的方向。这三种只是显示方式不同，放码效果是一样的。

如图 2-23 所示，系统会指明是哪两个号型做差计算出来的档差量。

（9）█所有组。

功能：应用于分组情况。均等放码时，如果未选中该按钮，放码指令只对本组有效，如果选中该按钮，在任一分组内输入放码量，再用放码指令，所有组全部放码，这样大大提高了工作效率。

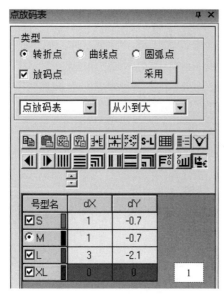

图 2-22 【点放码表】对话框（一）

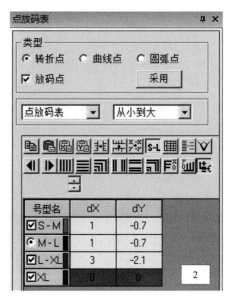

图 2-23 【点放码表】对话框（二）

（10）基码组。

功能：应用于分组情况。当选中该按钮时，点放码表号型下只显示基码组，非选中状态下，基码组与组内其他码全部显示。

（11）角度放码。

①功能：在放码中，工作区内的坐标轴可以随意定义，这个随意性就由【角度】命令来控制。箭头方向被定义为坐标轴的正方向，短的一边为 X 方向，长的一边为 Y 方向。图 2-24、图 2-25 所示为后切线方向及其放码。

图 2-24 后切线方向

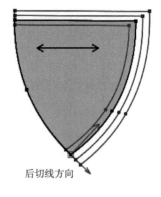

图 2-25 后切线方向放码

②操作：

A．单击【点放码表】对话框中的 ⊻ 按钮。

B．单击 ⋙ 按钮，弹出下拉菜单，单击选择其中的内容，设定角度坐标轴。

③参数说明。

A.【前切线方向】：选中放码点在前线上的切线为坐标 X 轴。

B.【后切线方向】：选中放码点在后线上的切线为坐标 X 轴。

C.【顺时针旋转90度】：当前放码点的坐标轴顺时针旋转 90°。

D.【逆时针旋转90度】：当前放码点的坐标轴逆时针旋转 90°。

（12）◀ 前一放码点。

①功能：用于选中前一个放码点，如图 2-26 所示。

注意：纸样边线上的各放码点按顺时针方向区分前后，位于前面的称前一放码点，后面的为后一放码点。

②操作：

图 2-26　前一放码点

A．选中 圀 图标，单击选中一个放码点。

B．单击 ◀ 图标，即选中当前放码点的前一个放码点。

（13）▶ 后一放码点。

操作：

A．选中 圀 图标，单击选中一个放码点。

B．单击 ▶ 图标，即选中当前放码点的后一个放码点。

（14）▥ X 相等。

①功能：该命令可以使选中的放码点在 X 方向（即水平方向）上均等放码。

②操作：

A．选中放码点，【点放码表】对话框的文本框激活。

B．在文本框输入放码档差。

C．单击该按钮即可。

（15）▤ Y 相等。

功能：该命令可使选中的放码点在 Y 方向（即垂直方向）上均等放码，操作同上。

（16）▦ X、Y 相等。

功能：该命令可使选中的放码点在 X 方向和 Y 方向（即水平和垂直方向）均等放码。操作同上。

（17）▥ X 不等距。

①功能：该命令可使选中的放码点在 X 方向（即水平方向）上各码的放码量不等距放码。

②操作：

A．单击某放码点，【点放码表】对话框的文本框显亮，显示有效。

B．在【点放码表】框的 dX 栏里，针对不同号型，输入不同放码量的档差数值，单击该命令即可。

（18）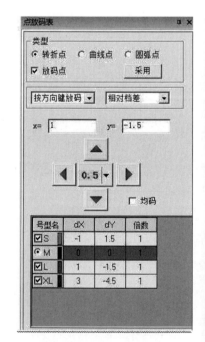*Y* 不等距。

功能：该命令可使选中的放码点在 *Y* 方向（即垂直方向）上各码的放码量不等距放码。操作同上。

（19）*X*、*Y* 不等距放码。

①功能：该命令对所有输入【点放码表】的放码值无论相等与否都能进行放码。

②操作：

A．单击放码的点，在【点放码表】的文本框中输入合适的放码值。

B．注意：有多少数据框，就输入多少数据，除非放码值为零，单击该按钮。

（20）*X* 等于零。

①功能：该命令可将选中的放码点在 *X* 方向（即水平方向）上的放码值变为零。

②操作：选中放码点，单击该图标即可。

（21）*Y* 等于零。

功能：该命令可将选中的放码点在 *Y* 方向（即垂直方向）上的放码值变为零。操作同上。

（22）自动判断放码量正负。

功能：选中该图标时，无论放码量输入是正数还是负数，用了放码命令后计算机都会自动判断出正负。

（23）相对档差 显示方式。

功能：

A．用于控制放码量的显示，可以根据自己的需要选择相对档差、绝对档差及从小到大。

B．可以选择不同的放码放式。

十七、按方向键放码

1. 功能

用键盘方向键对纸样上的放码点进行放码。

2. 操作

（1）点击【表格】—【规格表】，或单独点击规格表图标，设置各码的型号及颜色。

（2）选择按方向键放码。

（3）用 单击或框选放码点，按键盘上的方向键或对话框中的方向键，大码就向箭头的方向移动一个步长（前提是在系统设置或开关设置中勾选了"选择纸样控制点工具对大码操作"），按两次就是移动两个步长。

（4）按【Tab】键选中的点会自动切换到顺时针方向的下一个放码点，按【Shift】+【Tab】键选中的点会切换到逆时针方向的下一个放码点，如图2-27所示。

3.【方向键放码】对话框参数说明

（1）切换放码点：按【Tab】键或【Shift】+【Tab】键

图 2-27　按方向键放码

可以切换到下一个放码点。

（2）删除放码量：在工作区按【Delete】键可以删除放码量。

（3）编辑框：直接在编辑框的 X、Y 或者 dX、dY，倍数中输入放码量，按【Enter】键也可放码。

（4）修改步长 0.1▾ ：可在组合框中选择步长，或者按钮步长按钮切换至下一个步长值。

（5）步长组合框：若在步长组合框中选择【…】则进入自定义步长，可在弹出的对话框中插入新步长，或者删除已有步长。

（6）档差组合框：提供相对档差、绝对档差。

（7）【均码】：选中，在放码时强制各号型的间距相同，否则，保持当前的差量基础上，仅每次移动的间距相同。

（8）表格：显示当前放码量，也可以修改放码量，然后按回车放码。

注意：如果要以非均码的方式放码，要取消勾选【均码】，输入各号型的放码量后按回车结束。按方向键放码量，光标最好放在对话框外。

十八、按规则放码

1. 功能

可按规则表里的规则放码（图2-28）。

2. 操作

（1）点击规格表，或单独点击规格表图标 ▦，设置各码的型号及颜色。

（2）选择按规则放码。

A. 用 🖳 图标单击或框选放码点，直接输入 X、Y 的值，点击放码。

B. 用 🖳 图标单击或框选放码点，直接在 X、Y 上点右键，弹出计算器，例如，选择 $\dfrac{胸围}{4}$，再点击放码。

（3）规格表。

①例如，一件衣服的前片三点放码量分别如图2-29所示，可以在【规则词典】里新建前片规则：A、B、C，建立好后保存。

图2-28　按规则放码

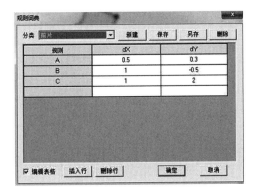

图2-29　前片放码

②将保存点的放码量用于其他样片，如图 2-30 所示，点击 B，点击放码，那么选择的点就可以按 B 的值来放码。

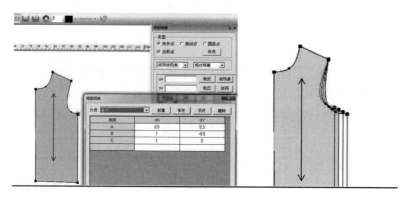

图 2-30　其他样片放码

十九、⛁显示、隐藏标注

1．功能

显示或隐藏标注。

2．操作

图标⛁在选中状态下会显示标注，没选中即为隐藏。

二十、⛁显示、隐藏变量标注

1．功能

同时显示或隐藏所有的变量标注。

2．操作

（1）用╱比较长度，用╌测量两点间距离。

（2）单击⛁，选中为显示，没选中为隐藏。

二十一、◡定型放码

1．功能

用该工具可以让其他码曲线的弯曲程度与基码的一样（图 2-31）。

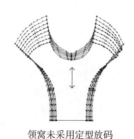

领窝未采用定型放码　　　　领窝采用定型放码

图 2-31　定型放码

2．操作

（1）用选择工具，选中需要定型处理的线段。

（2）单击定型放码图标即可。

二十二、📥等幅高放码

1．功能

两个放码点之间的曲线按照等幅高的方式放码（图2-32）。

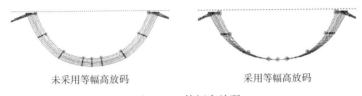

未采用等幅高放码　　　　采用等幅高放码

图2-32　等幅高放码

2．操作

（1）用选择工具，选中需要等幅高处理的线段。

（2）单击等幅高放码图标即可。

二十三、◉颜色设置

1．功能

用于设置纸样列表框、工作视窗和纸样号型的颜色。

2．操作

单击该图标，弹出【颜色设置】对话框，该框中有四个选项卡，单击选中选项卡名称，单击选中修改项，再单击选择一种颜色，点击【应用】即可改变所选项的颜色，可同时设置多个选项，最后点【确定】即可。

3．【设置颜色】参数说明

（1）【工作视窗】选项卡（图2-33）。

①【视窗背景】：用于设置工作区的颜色。

②【第1操作标识色】：用于设置在操作过程中第1步提示的颜色。

③【第2操作标识色】：用于设置在操作过程中，单击右键后第2步的提示颜色。

④【第3操作标识色】：用于设置在操作过程中，单击右键后第3步的提示颜色。

⑤【第4操作标识色】：用于设置在操作过程中，单击右键后第4步的提示颜色。

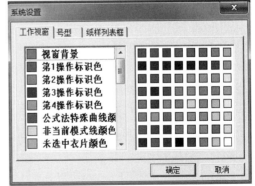

图2-33　【工作视窗】选项卡

⑥【公式法特殊曲线颜色】：针对公式法打板、平行线、旋转线、对称线的颜色显示。

⑦【非当前模式线颜色】：在选择 ▦ 此工具下，如果起始打板用公式法，但后又转成自由设计，那么线条会以此选择的颜色显示。

⑧【特殊点显示颜色】：例如公式法做展开余量或转省时，可联动修改被移动部位上的点，特殊点显示颜色，就是类似这样的点的显示颜色。

⑨【尺寸提示色】：画线时线长度的提示色。

⑩【标注颜色】：指所有标注的颜色。

⑪【临时辅助线颜色】：▦▦ 用此工具按住【Shift】+ 左键，设置临时辅助线的颜色，此线不参与绘图。

⑫【基准线颜色】：用调整工具拖选出基准线的颜色。

⑬【未选中衣片颜色】：指纸样在未被选中时的填充颜色。

⑭【选中衣片颜色】：指被选中纸样时的填充颜色。

⑮【衣片标识色1】：比拼行走时，固定纸样的颜色。

⑯【衣片标识色2】：比拼行走时，行走纸样的颜色。

⑰【标尺颜色】：工作区标尺的颜色。

⑱【标尺刻度颜色】：工作区标尺的刻度颜色。

（2）【号型】选项卡。

用于修改各号型的代表颜色，单击选中一种号型，再单击喜欢的颜色，单击【确定】即可，如图2-34所示。

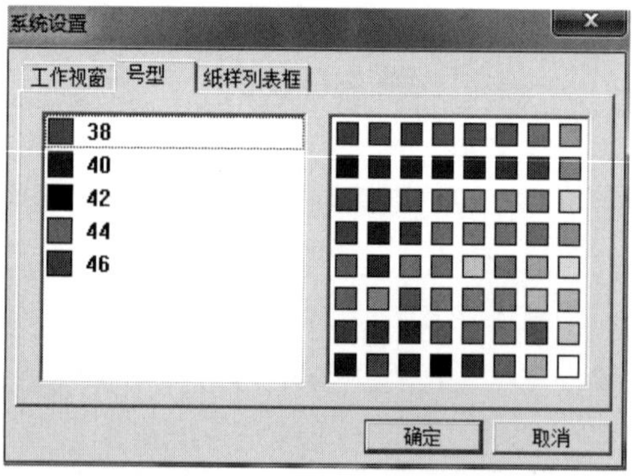

（3）【纸样列表框】选项卡。

纸样列表框如图2-35所示。

①【纸样背景】：指衣片列表框的背景色。

②【纸样轮廓】：指衣片列表框中纸样轮廓的颜色。

③【纸样序号】：指衣片列表框中纸样的序号颜色。

图 2-34 【号型】选项卡

二十四、2▢ 等份数

1. 功能

用于等份线段。

2. 操作

图标框中的数字是多少就会把线段分成多少等份。

二十五、■▾ 线颜色

1. 功能

用于设定或改变结构线的颜色。

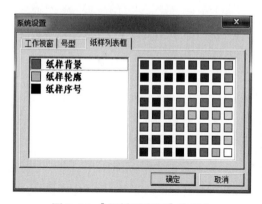

图 2-35 【纸样列表框】选项卡

2．操作

（1）设定线颜色：单击线颜色的下拉列表，单击选中的合适颜色，这时用画线工具画出的线为选中的线颜色。

（2）改变线的颜色：单击线颜色下拉列表，选中所需颜色，再用 设置线的颜色类型工具在线上单击右键或右键框选线即可。

二十六、 线类型

1．功能

用于设定或改变结构线类型。

2．操作

（1）设定线类型：单击线类型的下拉列表，选中线型，这时用画线工具画出的线为选中的线类型。

（2）改变已做好的结构线线型或辅助线的线型：单击线类型的下拉列表，选中适合的线类型，再选中 设置线的颜色类型工具，在需要修改的线上单击左键或左键框选线。

（3）设置 虚线间距：选中该线型，再选中 设置线的颜色类型工具，光标会变成 ，输"L"的数据—回车—再输"D"的数据—再回车，光标上的 L、D 就为所输数据，设定好后用左键单击或框选要改的线即可。

（4）设置 圆半径及两圆间距的方法与设置 虚线间距相同。

二十七、 曲线显示形状

1．功能

用于改变线的形状。

2．操作

选中 设置线的颜色类型工具，单击曲线显示形状 的下拉列表选中需要的曲线形状，此时可以设置线型的宽与高，先宽后高，输宽数据后按回车再输入高的数据，用左键单击需要更改线即可。

二十八、 辅助线的输出类型

1．功能

设置纸样辅助线输出的类型。

2．操作

选中 设置线的颜色类型工具，单击辅助线的输出类型 的下拉列表选中需要输出方式，用左键单击需要更改线即可。设了全刀，辅助线的一端会显示全刀的符号；设了半刀，辅助线的一端会显示半刀的符号。

二十九、 自适应拉伸

选中该图标，用智能笔画自定义的线型时，软件会自动调整图案的高度及两个图案间的距离，使得曲线以一个完整的图案结束。如果没选中该图标，则根据指定的高度及间距进行计算，曲线结束时不能画完整的图案会被舍弃。

第四节　工具栏

富怡 CAD 系统工具栏，如图 2-36 所示。

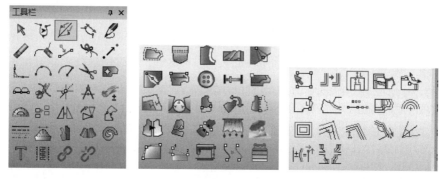

图 2-36　工具栏

一、 🔧 调整工具（快捷键【A】）

1. 功能

用于调整曲线的形状；查看线段的长度；修改曲线上控制点的个数；曲线点与转折点的转换。

2. 操作

（1）调整单个控制点。

①用该工具在曲线上单击，线被选中，单击线上的控制点，拖动至满意的位置，单击即可。当显示弦高线时，此时按小键盘数字键可改变弦的等份数，移动控制点可调整至弦高线上，光标上的数据为曲线长和调整点的弦高（图 2-37）（显示、隐藏弦高：【Ctrl】+【H】，显示、隐藏移动点之间的距离：【Shift】+【H】）。

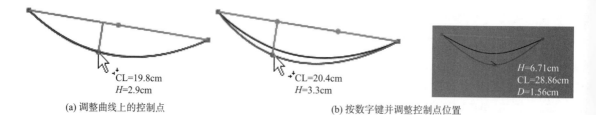

(a) 调整曲线上的控制点　　　　　　　　　　(b) 按数字键并调整控制点位置

图 2-37　调整单个控制点

②定量调整控制点：用该工具选中线后，把光标移在控制点上，敲回车键如图 2-38 所示（只适用于自由设计）。

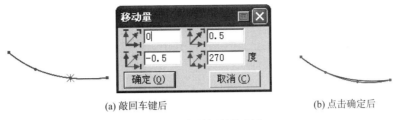

(a) 敲回车键后　　　　　　　　(b) 点击确定后

图 2-38　定量调整控制点

③选中线后，工具栏里选择 【右键修改公式】，右键点击点，可以修改公式，并且将鼠标放到有公式的点上，可以显示该点公式（图 2-39）（适用于公式法）。

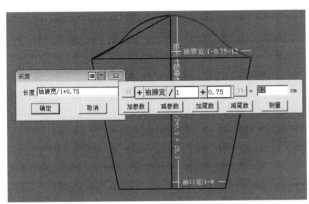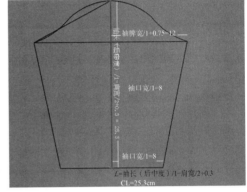

图 2-39　修改公式

④在线上增加控制点、删除曲线或折线上的控制点：单击曲线或折线，使其处于选中状态，在没点的位置用左键单击为加点（或按【Insert】键），或把光标移至曲线点上，按【Insert】键可使控制点可见（图 2-40），在工具栏里选择"右键删除点" 【右键删除点】 后，在有点的位置单击右键为删除（或按【Delete】键）。

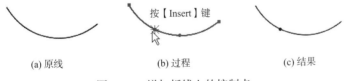

(a) 原线　　　　　　　(b) 过程　　　　　　　(c) 结果

图 2-40　增加折线上的控制点

在选中线的状态下，把光标移至控制点上按【Shift】可在曲线点与转折点之间切换。在曲线与折线的转折点上，如果把光标移在转折点上击鼠标右键，曲线与直线的相交处自动顺滑，在此转折点上如果按【Ctrl】键，可拉出一条控制线，可使得曲线与直线的相交处顺滑相切，如图 2-41 所示。

⑤用该工具在曲线上单击，线被选中，敲小键盘的数字键，可更改线上的控制点个数，如图 2-42 所示。

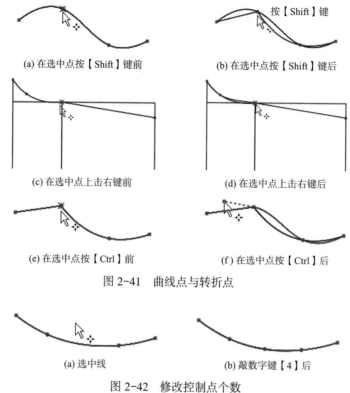

(a) 在选中点按【Shift】键前   (b) 在选中点按【Shift】键后

(c) 在选中点上击右键前   (d) 在选中点上击右键后

(e) 在选中点按【Ctrl】前   (f) 在选中点按【Ctrl】后

图 2-41　曲线点与转折点

(a) 选中线   (b) 敲数字键【4】后

图 2-42　修改控制点个数

（2）调整多个控制点。

①按比例调整多个控制点。

情况一：如图 2-43（a）所示，调整点 C 时，点 A、点 B 按比例调整（此情况适用于自由设计结构线）。

操作：

A. 如果在调整结构线上调整，先把光标移在线上，拖选 AC，光标变为平行拖动⁺☒，如图 2-43（b）所示。

B. 按【Shift】切换成按比例调整光标⁺☒，如图 2-43（c）所示，单击点 C 并拖动，弹出【比例调整】对话框（如果目标点是关键点，直接把点 C 拖至关键点即可；如果需在水平或垂直或在 45° 方向上调整按住【Shift】键即可）。

C. 输入调整量，点击【确定】即可，如图 2-43（d）所示。

情况二：在纸样上按比例调整时，让控制点显示，操作与在结构线上调整类似，如图 2-44 所示。

②平行调整多个控制点。

操作：拖选需要调整的点，光标变成平行拖动⁺☒，单击其中的一点拖动，弹出【平行调整】对话框，输入适当的数值，确定即可，如图 2-45 所示。

注意：平行调整、比例调整的时候，若未勾选"选项"菜单中的"启用点偏移对话框"，那么【移动量】对话框不再弹出。

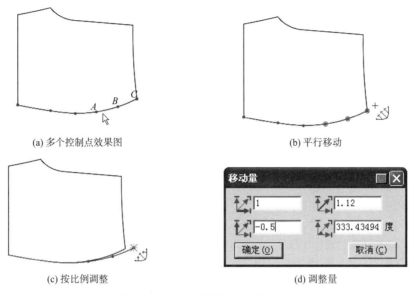

(a) 多个控制点效果图

(b) 平行移动

(c) 按比例调整

(d) 调整量

图 2-43 按比例调整多个控制点

(a) 原图

(b) 按【Shift】在水平或垂直或45°方向上调整

图 2-44 在纸样上调整

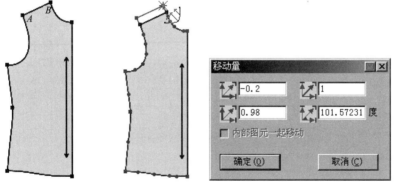

图 2-45 平行调整

③移动框内所有控制点（只适用于自由设计）。

操作：左键框选按回车键，会显示控制点，在对话框输入数据，这些控制点都偏移，如图 2-46 所示。

注意：第一次框选为选中，再次框选为非选中。如果选中的为放码纸样，也可对仅显示的单个码框选调整（基码除外）。

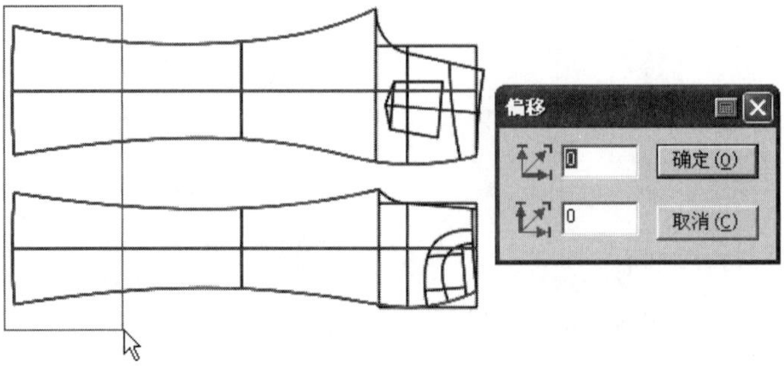

图 2-46 移动框内所有控制点

④只移动选中所有线（只适用于自由设计）。

操作：

A. 右键框选线后在工具栏里选择【移动】或是【旋转】，如图 2-47 所示。

B. 如果选择【移动】，按回车键，可输入数据，点击确定即可，也可自由移动，如图 2-48 所示。

C. 如果选择【旋转】，选择旋转中心点，再选择旋转开始点，按回车键可以出现【角度】对话框，如图 2-49 所示。

图 2-47 【工具属性栏】对话框

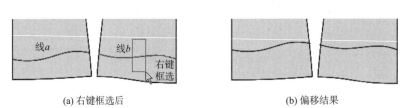

(a) 右键框选后　　　　　　　　　　(b) 偏移结果

图 2-48 移动选中线

图 2-49 【角度】对话框

注意：如果选中的为放码纸样，也可对仅显示的单个码右键框选调整（基码除外）。

（3）查看线的长度。把光标移在线上，即可显示该线的长度。

（4）在关联点上点右键，可以修改纸样。

二、 合并调整（快捷键【N】）

1. 功能

将线段移动旋转后调整，常用于调整前后袖窿、下摆、省道、前后领口及肩点拼接处等位置的调整。适用于纸样、结构线。

2．操作

（1）选择合并调整工具，右侧出现合并调整工具对话框，如图2-50（a）所示。

（2）图2-50（b）所示，用鼠标左键依次点选或框选要圆顺处理的曲线*a*、*b*、*c*、*d*，单击右键。

（3）图2-50（c）所示，再依次点选或框选与曲线连接的线1和线2、线3和线4、线5和线6，单击右键，可将拼接好的线移出调整。

（4）袖窿拼在一起，用左键可调整曲线上的控制点，如图2-50（d）所示。

(a) 调整工具对话框

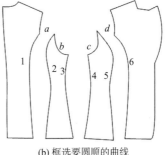

(b) 框选要圆顺的曲线

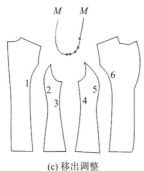

(c) 移出调整

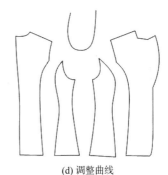

(d) 调整曲线

图 2-50　合并调整

（5）调整满意后，单击右键。

3．【合并调整】对话框参数说明

（1）【联动调整】如图2-51所示：选择联动调整，移出来的袖窿弧线可以用调整工具再调整，纸样和结构线同时调整。

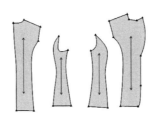

图 2-51　联动调整

（2）【选择翻转组】如图 2-52（a）所示，前、后裆为同边时，则勾选【选择翻转组】再选线，线会自动翻转，如图 2-52（b）所示。

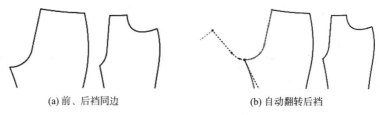

(a) 前、后裆同边 　　　　　　　(b) 自动翻转后裆

图 2-52　选择翻转组

（3）【手动保形】选中该项可自由调整线条；选中【自动顺滑】，软件会自动生成一条顺滑的曲线，无须调整。

三、✎线调整

1. 功能

可检查或调整两点间曲线的长度以及两点间直度，适用于纸样、结构线。

2. 操作

（1）结构线调整。在线上点击，可以延长线的长度，并有 5 种可选择的方式（图 2-53）。

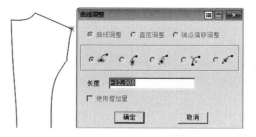

（2）放码纸样调整。

①用该工具点选或者框选一条线，弹出【线调整】对话框。

②选择调整项，输入恰当的数值，确定即可调整。

图 2-53　结构线调整

3.【线调整】参数说明

（1）选择【曲线调整】，表格中显示的为长度、增减量，可以在此输入新的长度或增减量；当勾选【档差】时，增减量处显示成档差，可以档差的方式输入，如图 2-54 所示。

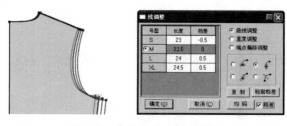

图 2-54　【曲线调整】对话框

①🖱图标，亮星点沿水平方向移动。

②🖱图标，亮星点沿垂直方向移动。

③🖱图标，亮星点沿两点连线的方向移动。

④🖱图标，线的两端点不动，曲线长度变化。

（2）选择【直度调整】，表格中显示的为距离、增减量，可以在此输入新的直度或增减量；当勾选【档差】时，增减量处显示成档差，可以档差的方式输入，如图2-55所示。

① 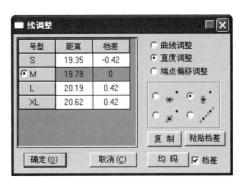 图标，亮星点沿水平方向移动。

② 图标，亮星点沿垂直方向移动。

③ 图标，亮星点沿两点连线的方向移动。

④ 图标，两点沿两点连线方向同时移动。

图 2-55 【直度调整】对话框

（3）选择【端点偏移调整】。

① 各码相等 ，在任意号型的dX中输入数据，再单击该按钮，所有号型的dX数据相等；在任意号型的dY中输入数据，再单击该按钮，所有号型的dY数据相等。

② 均码 ，在相邻的两个号型中输入数据，再单击该按钮，所有号型均等显示数据。

③ 复制 ，单击可复制当前数值。

④ 粘贴档差 粘贴长度 ，当复制了一段线的各码数值后，可选中另一段线再单击粘贴，即可将上一段的数值（档差、长度、距离）粘贴到这一段线上。

四、 $\mathscr{Q}$ 智能笔（快捷键【F】）

1. 功能

用来画线、作矩形、调整、调整线的长度、连角、加省山、删除、单向靠边、双向靠边、移动（复制）点线、转省、剪断（连接）线、收省、不相交等距线、相交等距线、圆规、三角板、偏移点（线）、水平垂直线、偏移等，综合多种功能。

2. 操作

（1）单击左键。

①在空白处、关键点、交点单击左键进入画线操作。

②在确定第一个点后，单击右键切换丁字尺（水平、垂直、45°线）、任意直线，如图2-56（a）、（b）所示。

③画线过程中按【Shift】键可切换折线与曲线，如图2-56（c）所示。

④按下【Shift】键，再单击左键，进入【矩形】工具（常用于从可见点开始画矩形的情况）。

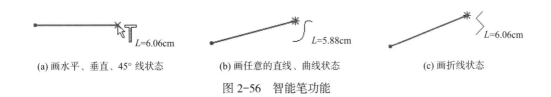

(a) 画水平、垂直、45° 线状态　　　(b) 画任意的直线、曲线状态　　　(c) 画折线状态

图 2-56　智能笔功能

（2）左键拖拉。

①在空白处左键拖拉进入【矩形】工具。

②在线上单击左键拖拉，进入【等距线】功能：在空白处再单击左键则弹出对话框【不相交等距线】功能，如图 2-57（a）所示；直接分别单击相交的两边，则进入【相交等距线】功能，如图 2-57（b）所示。

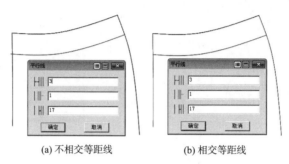

(a) 不相交等距线　　　　　　(b) 相交等距线

图 2-57 【等距线】功能

③在关键点上按下左键拖动到一条线上放开进入【单圆规】。

④在关键点上按下左键拖动到另一个点上放开进入【双圆规】。

⑤按下【Shift】键，左键拖拉选中两点则进入【三角板】，再点击另外一点，拖动鼠标，做选中线的平行线或垂直线，如图 2-58 所示。

（3）左键框选。

①在空白处框选进入【矩形】工具。

②左键框住两条线后单击右键为【连角】功能。

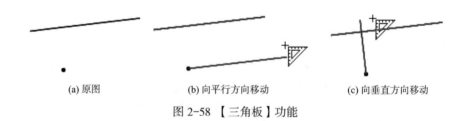

(a) 原图　　　　　　(b) 向平行方向移动　　　　　　(c) 向垂直方向移动

图 2-58 【三角板】功能

③如果左键框选一条或多条线后，再在另外一条线上单击左键，则进入【靠边】功能，在需要线的一边击右键，为【单向靠边】，如图 2-59（a）、（b）所示。如果在另外的两条线上单击左键，为【双向靠边】，如图 2-59（c）、（d）所示。

(a) 单向靠边前的两条线　　(b) 单向靠边后的两条线　　(c) 双向靠边前的两条线　　(d) 双向靠边后的两条线

图 2-59 【靠边】功能

④如果左键框选一条或多条线后，再按【Delete】键则删除所选的线。

⑤左键框选四条线后，单击右键则为【加省山】功能（在省的哪一侧击右键，省底就向那一侧倒），如图 2-60 所示。

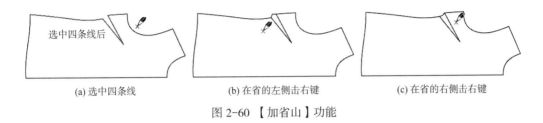

(a) 选中四条线　　　　　(b) 在省的左侧击右键　　　　　(c) 在省的右侧击右键

图 2-60 【加省山】功能

⑥左键框选一条或多条线后，按下【Shift】键，空白处单击右键进入【移动（复制）】功能，用【Shift】键切换移动、复制、多次复制，按住【Ctrl】键，为任意方向移动或复制。

⑦左键框选一条或多条线后，按下【Shift】键，单击左键选择线则进入【转省】功能。

（4）单击右键。

①在线上单击右键则进入【修改】工具。

②按下【Shift】键，在线上单击右键则进入【曲线调整】（图 2-61）。在线的中间击右键为两端不变，调整曲线长度。如果在线的一端击右键，则在这一端调整线的长度。

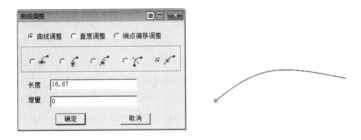

图 2-61 【曲线调整】功能

（5）右键拖拉。

①在关键点上，右键拖拉进入【水平垂直线】功能（右键切换四个方向），如图 2-62所示。

图 2-62 【水平垂直线】功能

②按下【Shift】键，在关键点上，右键拖拉点进入【偏移点】功能，如图2-63所示。

（6）右键框选。

①右键框选一条线进入【剪断（连接）线】功能。

②按下【Shift】键，右键框选一条线进入【收省】。

（7）回车键：光标放在关键点、交点处直接按回车键，为【偏移点】，进入画线操作。

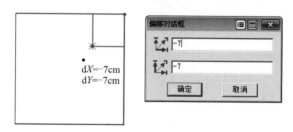

图2-63 【偏移点】功能

五、⌐ 水平垂直线（快捷键【I】）

1. 功能

在关键的两点（包括两线交点或线的端点）上连一个直角线，如作前门襟、定领宽、定领深。

2. 操作

用该工具先单击一点，单击右键来切换水平垂直线的位置，再单击另一点，如图2-64所示。

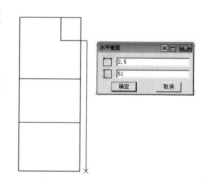

六、✎ 橡皮擦（快捷键【E】）

1. 功能

用来删除结构图上的点、线，纸样上的辅助线、剪口、钻孔、图片、省褶、缝迹线、绗缝线、放码线、基准点（线放码）等。

图2-64 【水平垂直】对话框

2. 操作

（1）用该工具直接在点、线上单击即可。

（2）如果要擦除集中在一起的点、线，左键框选即可。

（3）抓取到边线上的控制点时，如果该点有缝份数据或者关联剪口，会在光标处给出提示。

七、✎ 局部删除

1. 功能

用来删除线上某一局部线段。

2. 操作

（1）用该工具在线上关键点左键单击，再单击线上任意点，最后单击要删除线段的结束点。

（2）左键单击线上等份点，再单击需要删除的一端。

八、✂️点（快捷键【P】）

1. 功能

在线上定位加点或空白处加点，适用于纸样、结构线。

2. 操作

（1）用该工具在要加点的线上单击，靠近点的一端会出现亮星点，并弹出【点的位置】对话框，输入数据，确定即可。

（2）直接在关键点上单击左键，即可增加点。

（3）个别情况下，亮星点不会出现在所要的位置时，如图 2-65 所示，在距离点 A 右侧 2cm 位置处加点 C（在线段 AB 间加一个点）。选中该工具把光标移在目标位置点 A，按住左键拖鼠标至另一位置点 B 松手，再在选中线上单击，就可确定位置。

（4）在选择比例的情况下，可以设置偏移，例如，比例为 0.25、偏移为 0，那么就是在中点偏移 0.25cm，如图 2-66 所示。

图 2-65　增加点 　　　　　　　　　图 2-66　按比例偏移

九、🐒关联、非关联

1. 功能

端点相交的线在用调整工具调整时，使用关联工具的两端点会一起调整，使用不关联工具的两端点不会一起调整。在结构线、纸样辅助线上均可操作。端点相交的线默认为关联。

2. 操作

（1）用↗关联工具框选或单击两线段，即可关联两条线相交的端点（图 2-67）。

（2）用↗不关联工具框选或单击两线段，即可不关联两条线相交的端点（图 2-68）。

注意：用【Shift】键来切换↗关联图标和↗不关联图标。

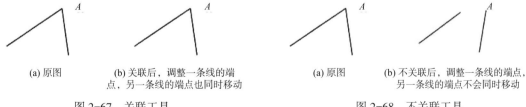

(a) 原图　　　(b) 关联后，调整一条线的端　　　(a) 原图　　　(b) 不关联后，调整一条线的端点，
　　　　　　　　点，另一条线的端点也同时移动　　　　　　　　　　另一条线的端点不会同时移动

图 2-67　关联工具 　　　　　　　　　图 2-68　不关联工具

十、　圆角

1. 功能

在不平行的两条线上，做等距或不等距圆角。用于制作西服前幅底摆、圆角口袋。适用于纸样、结构线。

2. 操作

（1）用该工具分别单击或框选要做圆角的两条线，如图 2-69 所示。

（2）在线上移动图标，此时按【Shift】键在曲线圆角与圆弧圆角间切换，单击右键图标可在 ╝ 与 ╪ 之间切换（ ╪ 为切角保留，╝ 为切角删除）。

（3）再单击弹出对话框，输入适合的数据，点击【确定】即可。

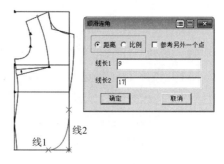

图 2-69　圆角工具

（4）公式法里纸样可以跟结构线联动，调整工具右键点击联动点，如图 2-70 所示。

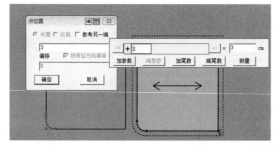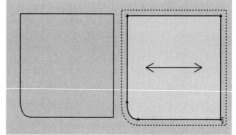

图 2-70　纸样结构线联动

十一、　三点弧线

1. 功能

过三点可画一段圆弧线或画三点圆。适用于画结构线、纸样辅助线。

2. 操作

（1）按【Shift】键在三点圆 ╰ 与三点圆弧 ╰ 间切换。

（2）切换成 ╰ 图标后，分别单击三个点即可作出一个三点圆。

（3）切换成 ╰ 图标后，分别单击三个点即可作出一段弧线。

十二、　CSE圆弧

1. 功能

画圆弧、画圆。适用于画结构线、纸样辅助线。

2. 操作

（1）按【Shift】键在 CSE 圆 ╰ 与 CSE 圆弧 ╰ 间切换。

（2）图标为 ╰ 时，在任意一点单击定圆心，拖动鼠标再单击，弹出【半径】对话框。

（3）输入圆的适当的半径，单击【确定】即可。

注意：CSE 圆弧的操作与 CSE 圆操作一样。

十三、✂剪刀

1. 功能

用于从结构线或辅助线上拾取纸样。

2. 操作

（1）用该工具单击或框选围成纸样的线，最后击右键，系统按最大区域形成纸样，如图 2-71（a）所示。

（2）用该工具单击线的某端点，按一个方向单击轮廓线，直至形成闭合的图形。拾取时如果后面的线变成绿色，单击右键则可将后面的线一起选中，完成拾样，如图 2-71（b）、（c）所示。

注意：单击线、框选线，按住【Shift】键单击区域填色，第一次操作为选中，再次操作为取消选中。三种操作方法都是在最后单击右键形成纸样，工具即可变成衣片辅助线工具。

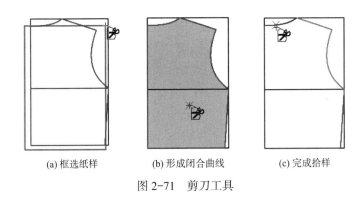

(a) 框选纸样　　　　(b) 形成闭合曲线　　　　(c) 完成拾样

图 2-71　剪刀工具

（3）选中剪刀工具，单击右键可切换成片衣拾取辅助线工具，从结构线上为纸样拾取内轮廓线。

①选择剪刀工具，在纸样内部击右键光标变成⁺▨，相对应的结构线变蓝色。

②用该工具单击或框选所需线段，单击右键即可。

③如果希望将边界外的线拾取为辅助线，那么直线上点选两个点，曲线上点击三个点来确定。

十四、▨拾取内轮廓

1. 功能

在纸样内挖空心图。可以在结构线上拾取，也可以将纸样内的辅助线形成的区域挖空。

2. 操作

①在结构线上拾取内轮廓操作。

A. 用该工具在工作区纸样上单击右键，纸样的原结构线变色，如图 2-72（a）所示。

B．单击或框选要生成内轮廓的线。

C．最后单击右键，如图2-72（b）所示。

②辅助线形成的区域挖空纸样操作。

A．用该工具单击或框选纸样内的辅助线，如图2-73（a）所示。

B．最后单击右键完成，如图2-73（b）所示。

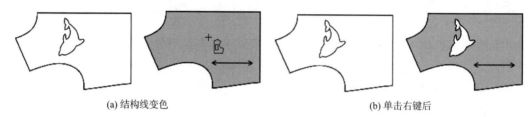

(a) 结构线变色　　　　　　　　　　　(b) 单击右键后

图 2-72　拾取结构线上的内轮廓

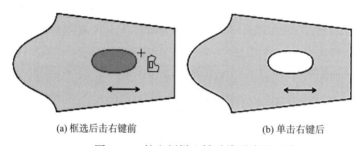

(a) 框选后击右键前　　　　　　　　　(b) 单击右键后

图 2-73　挖空纸样上辅助线形成的区域

十五、等份规（快捷键【D】）

1．功能

在线上加等份点、在线上加反向等距点。在结构线上或纸样上均可操作。

2．操作

（1）等份功能 +。右键来切换+、，实线为拱桥等份；虚线为加等份点。

注意：点的形式，一定要点点再右键切换。

①直接在线上左键单击，可等分整条线段。

②在线上单击起始点、中间点、终点，可等分线上某一段。

③在线上单击起点、终点，可等分两点之间的直线距离。

（2）等距功能。按【Shift】键可切换为线上等距功能，左键单击线上的关键点，沿线移动鼠标再单击，在弹出的对话框中输入数据，【确定】即可，如图2-74所示。

图 2-74　等份规对话框

十六、✂剪断线

1. 功能

用于将一条线从指定位置断开，变成两条线，也能同时将一条线断成多条线，或把多段线连接成一条线。可以在结构线上操作，也可以在纸样辅助线上操作。

2. 操作

（1）用该工具在需要剪断的线上单击，线变色，再在非关键点上单击，弹出【点的位置】对话框。

（2）输入恰当的数值，点击【确定】即可。

（3）如果选中的点是关键点（如等份点、两线交点、线上已有的点），直接在该位置单击，则不弹出对话框，直接从该点处断开。

（4）剪断成多条线操作：如图 2-75 所示，将线 f 剪断成线 a、b、c、d。按【Shift】键把图标切换成⌐，左键框选线 a、b、c、d 后击右键，再单击线 f 即可。

（5）连接操作：框选或分别单击需要连接的线，击右键即可。

（6）如果被剪断（或者连接）的曲线被引用，那么给出提示，曲线被引用，如果一条线参与形成纸样、被测量长度、被生成钻孔等，就是被引用，这样的曲线不建议剪断。如果确定剪断，新线将被设置为"特殊点显示颜色"，原曲线仍然存在。

图 2-75　剪断线

十七、∠角度线（快捷键【L】）

1. 功能

作任意角度线，过线上（线外）一点作垂线、切线（平行线）。结构线、纸样上均可操作。

2. 操作

（1）在已知直线或曲线上作角度线。

①如图 2-76 所示，点 C 是线 AB 上的一点。先单击线 AB，再单击点 C，此时出现两条相互垂直的参考线，按【Shift】键，两条参考线在图 2-76（a）与图 2-76（b）间切换。

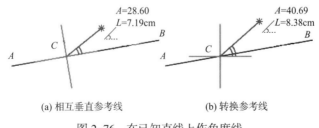

(a) 相互垂直参考线　　　　(b) 转换参考线

图 2-76　在已知直线上作角度线

②在上两图任一情况下，单击右键切换角度起始边，图 2-77 是图 2-76（a）的切换图。

③在所需的情况下单击左键，弹出【角度线】对话框，如图 2-78 所示。

④输入线的长度及角度，点击【确定】即可。

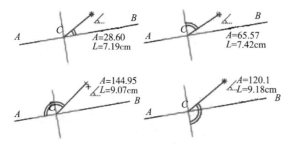

图 2-77　切换角度起始边　　　　　　　　图 2-78　【角度线】对话框

（2）过线上一点或线外一点作垂线。

①如图 2-79 所示，先单击线，再单击点 A，此时出现两条相互垂直的参考线，按【Shift】键，切换参考线与所选线重合。

②移动光标使其与所选线垂直的参考线靠近，光标会自动吸附参考线，单击弹出对话框。

③输入垂线的长度，单击【确定】即可。

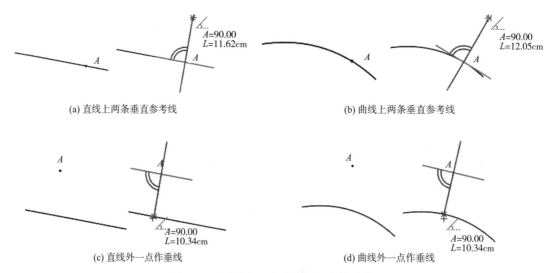

(a) 直线上两条垂直参考线　　　　　　　　(b) 曲线上两条垂直参考线

(c) 直线外一点作垂线　　　　　　　　(d) 曲线外一点作垂线

图 2-79　过线上一点或线外一点作垂线

（3）过线上一点作该线的切线或过线外一点作该线的平行线。

①如图 2-80（a）、（b）所示，先单击线，再单击点 A，此时出现两条相互垂直的参考线，按【Shift】键，切换参考线与所选线平行。

②移动光标使其与所选线平行的参考线靠近，光标会自动吸附在参考线上，单击，弹出对话框。

③输入平行线或切线的长度，单击【确定】即可。

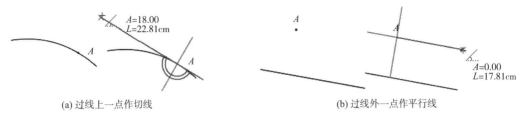

(a) 过线上一点作切线　　　　　　　　　　(b) 过线外一点作平行线

图 2-80　作切线或平行线

3.【角度线】参数说明

【角度线】对话框，如图 2-81 所示。

① 【长度】：指所作线的长度。

② 【角度】：指所作线的角度。

③ 【反方向角度】：勾选后，【角度】对话框中的角度为360°与原角度的差。

图 2-81　【角度线】对话框

十八、⚒ 圆规（快捷键【C】）

1. 功能

（1）单圆规：在一条线上作从关键点到另一点的定长直线，常用于画肩斜线、袖窿圈曲线辅助线、裤子后腰起翘、袖山斜线等。

（2）双圆规：通过指定两点，同时作出两条指定长度的线，常用于画袖山斜线、西装驳头等。在纸样、结构线上都能操作。

2. 操作

（1）单圆规：以后片肩斜线为例，用【单圆规】工具，单击领宽点，释放鼠标，再单击落肩点，弹出【单圆规】对话框，输入小肩的长度，按【确定】即可，如图 2-82（a）所示。

（2）双圆规：（袖肥一定，根据前、后袖山弧线定袖山点）分别单击袖肥的两个端点点 A 和点 B，向其中任意一边拖动并单击后弹出【双圆规】对话框，输入"第 1 边"和"第 2 边"的数值，单击【确定】，找到袖山点，如图 2-82（b）所示。

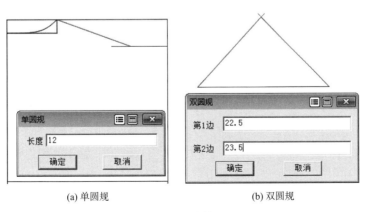

(a) 单圆规　　　　　　　　　(b) 双圆规

图 2-82　圆规

十九、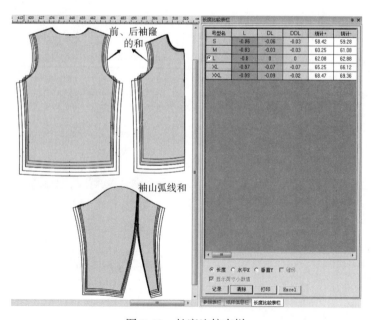比较长度（快捷键【R】）

1. 功能

用于测量一段线的长度、多段线相加所得总长、比较多段线的差值、测量剪口到点的长度。在纸样、结构线上均可操作。

2. 操作

选线的方式有三种：点选，在线上用左键单击；框选，在线上用左键框选；选点，在线上依次单击关键点、线中任意点、结束点。

（1）测量一段线的长度或多段线之和。

①选择该工具，弹出【长度比较】对话框。

②在长度、水平 X、垂直 Y 选择需要的选项。

③选择需要测量的线，长度即可显示在表中。

（2）比较多段线的差值，如图 2-83 所示，比较袖山弧长与前、后袖窿的差值。

①选择该工具，弹出【长度比较】对话框。

②选择【长度】选项。

③单击或框选前、后袖窿曲线，单击右键，再单击或框选袖山曲线，表中【L】为容量。

（3）当线为整条线时，按【F9】可以测量部分线段长度。

3.【长度比较】参数说明

长度比较参数说明以图 2-83 为例。

（1）【L】：表示【统计 +】与【统计 -】的差值。

（2）【DL】（绝对档差）：表示【L】中各码与基码的差值。

（3）【DDL】（相对档差）：表示【L】中各码与相邻码的差值。

（4）【统计 +】：击右键前选择的线长总和。

图 2-83　长度比较表栏

（5）【统计－】：击右键后选择的线长总和。

（6）⊙长度 如果选中线为曲线这里就是曲度长度，如果选中线为直线这里就是直线的长度。

（7）○水平X 指选中线两端的水平距离。

（8）○垂直Y 指选中线两端的垂直距离。

（9）☐缝份 显示选中线对应的缝份长度。

（10）☑显示英寸小数值 当系统单位为英寸显示时，勾选则增加显示小数值 10"7/8(10.875) 。

（11） 记录 点击可把【L】下的差值记录在"尺寸变量"中，当记录两段线（包括两段线）以上的数据时，会自动弹出【尺寸变量】对话框。

（12） 清除 单击可删除选中表文本框中的数据。

（13） 打印 单击可打印当前的统计数值与档差。

（14） Excel 单击可输出对应长度比较表，保存为 Excel 格式。

注意：该工具默认是比较长度↖，按【Shift】可切换成测量两点间距离↹；当边线点和辅助线点重合时，用该工具时按住【Ctrl】键匹配辅助线点，不按匹配边线点。

二十、↹测量两点间距离

1. 功能

用于测量两点（可见点或非可见点）间的距离，点到线的直线距离、水平距离、垂直距离，两点多组间距离总和，两组间距离的差值。在纸样、结构线上均能操作。在纸样上可以匹配任何号型。

2. 操作

（1）测量肩点至中心线的垂直距离。切换成该工具后，分别单击肩点与中心线，【测量】对话框即可显示两点间的距离、水平距离、垂直距离，如图 2-84 所示。

（2）测量半胸围。切换成该工具，分别单击点 A 与中心线 C，再单击点 B 与中心线 D，【测量】对话框即可显示两点间的距离、水平距离、垂直距离，如图 2-85 所示。

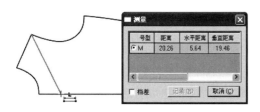

图 2-84　测量肩点至中心线垂直距离

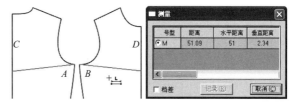

图 2-85　测量半胸围

（3）测量前腰围与后腰围的差值。

用该工具分别单击点 A、点 B、点 C、点 D，击右键；再分别单击点 E、点 F、点 G、前中心线，【测量】对话框即可显示两点间的距离、水平距离、垂直距离，如图 2-86 所示。

3. 【测量】参数说明

（1）【距离】：两组数值的直线距离差值。

（2）【水平距离】：两组数值的水平距离差值。

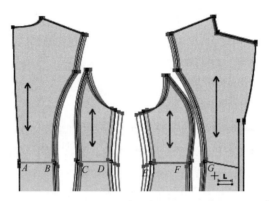

图 2-86　测量腰围与后腰围差值

（3）【垂直距离】：两组数值的垂直距离差值。

（4）【档差】：勾选档差，基码之外的码以档差显示数据。

（5）【记录】：点击可把距离下的数据记录在"尺寸变量"中。

二十一、 测量角度

1. 功能

在纸样、结构线上均能操作。

（1）测量一条线的水平夹角、垂直夹角。

（2）测量两条线的夹角。

（3）测量三点形成的角。

（4）测量两点形成线的水平角、垂直角。

2. 操作

（1）用左键框选或点选需要测量的一条线段，单击右键，弹出【角度】测量对话框。如图 2-87 所示，测量肩斜线的角度。

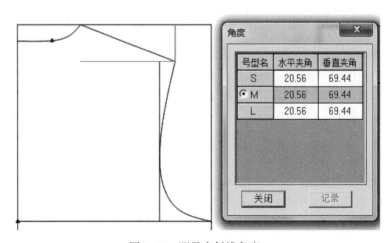

图 2-87　测量肩斜线角度

（2）框选或点选需要测量的两条线段，单击右键，弹出【角度】测量对话框，显示的角度为单击右键位置区域的夹角。如图 2-88 所示，测量后衣片肩斜线与袖窿线的角度。

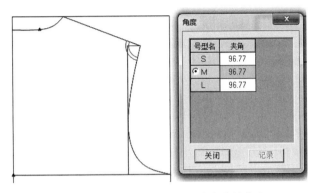

图 2-88　测量后片肩斜线与袖窿线的角度

（3）如图 2-89 所示，测量点 A、点 B、点 C 三点形成角度，先单击点 A，再分别单击点 B、点 C，即可弹出【角度】测量对话框。

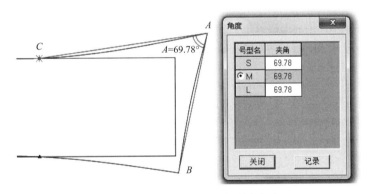

图 2-89　测量 A、B、C 点形成角度

（4）按下【Shift】键，点击需要测量的两点，即可弹出【角度】测量对话框。如图 2-90所示，测量点 A、点 B 的角度。

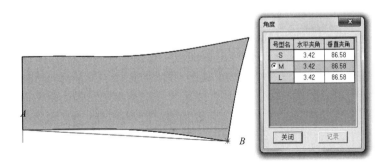

图 2-90　测量 A、B 点角度

二十二、 成组复制、移动（快捷键【G】）

1. 功能

用于复制或移动一组点、线、扣眼、扣位等。

2. 操作

（1）左键框选或点选需要复制或移动的点、线，单击右键结束选择。

（2）单击任意一个参考点，单击任意参考点后，单击右键，选中的线在水平方向或垂直方向上镜像，如图 2-91 所示，拖动到目标位置后左键单击即可放下。

注意：

（1）该工具默认为【单次复制】 ，可通过工具属性栏更改为【移动】 或者【多次复制】 ，也可以直接按【Shift】键来切换，如图 2-92 所示。

（2）☑复制的曲线与原曲线联动调整 勾选后复制的曲线与原曲线具有关联性；按下【Ctrl】键，在水平或垂直方向上移动；复制或移动时按【Enter】键，弹出位置偏移对话框；对纸样边线只能复制不能移动，即使在移动功能下移动边线，原来纸样的边线不会被删除。

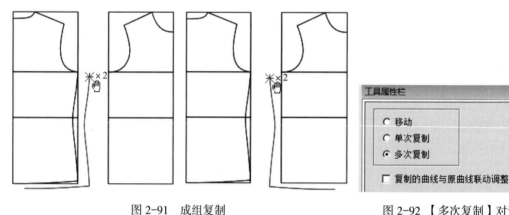

图 2-91　成组复制　　　　　　　　　图 2-92　【多次复制】对话框

二十三、 对称复制（快捷键【K】）

1. 功能

根据对称轴对称复制（对称移动）结构线、图元或纸样。

2. 操作

（1）该工具可以先单击两点或在空白处单击两点，作为对称轴。

（2）框选或单击所需复制的点、线或纸样，单击右键完成。

注意：

（1）该工具默认为【对称复制】，按【Shift】键可切换为【对称移动】。

（2）对称轴默认画出的是水平线或垂直线 45° 方向的线，单击右键可以切换成任意方向。

二十四、 旋转复制（快捷键【Ctrl】+【B】）

1. 功能

用于旋转复制或旋转一组点、线、文字。适用于结构线、图元或纸样辅助线。

2．操作

（1）单击或框选旋转的点、线，单击右键。

（2）单击一点，以该点为轴心点，再单击任意点为参考点，拖动鼠标旋转到目标位置。

注意：该工具默认为【旋转复制】，按【Shift】键可切换为【旋转】。

二十五、对接（快捷键【J】）

1．功能

用于把一组线与另一组线上对接。如图 2-93（a）所示，把后衣片的线对接到前衣片上。

2．操作一

（1）如图 2-93（b）所示，用该工具让光标靠近领宽点单击后衣片肩斜线。

（2）再单击前衣片肩斜线，光标靠近领宽点，单击右键。

（3）框选或单击后衣片需要对接的点线，最后单击右键完成。

3．操作二

（1）如图 2-93（c）所示，用该工具依次单击 1、2、3、4 点。

（2）再框选或单击后衣片需要对接的点、线，单击右键完成。

注意：该工具默认为对接复制，图标为，对接复制与对接用【Shift】键来切换，对接图标为。

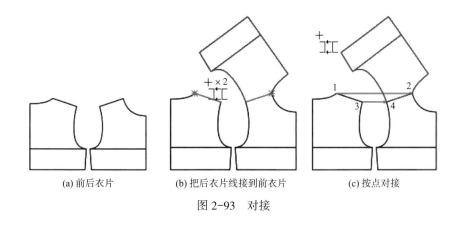

(a) 前后衣片　　　　(b) 把后衣片线接到前衣片　　　　(c) 按点对接

图 2-93　对接

二十六、设置线类型和颜色

1．功能

用于修改结构线的颜色、线类型、纸样辅助线的线类型与输出类型。

2．说明

图标用来设置粗细实线及各种虚线；图标用来设置各种线类型；图标用来设置纸样内部线，如绘制线、切割线或半刀切割线。

3．操作

（1）选中线型设置工具，快捷工具栏右侧会弹出颜色、线类型及切割状态的选择框（图 2-94）。

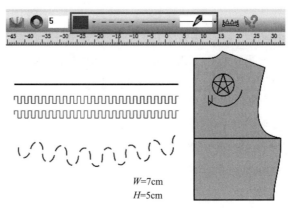

W=7cm
H=5cm

图 2-94 设置线类型和颜色

（2）选择合适的颜色、线型等。

（3）左键单击线或左键框选线，设置线型及切割状态。

（4）右键单击线或右键框选线，设置线的颜色。

（5）直接键盘输入数值可更改线型尺寸的设置。

①只对特殊的线型，如波浪线、折折线、长城线有效。

②选中这些线型中的其中一种，图标上显示线型的回位长 W 和线宽 H，可用键盘输入数据更改回位长和线宽，第一次输入的数值为回位长，敲回车键再输入的数值为线宽，再单击回车确定。

③在需要修改的线上用左键单击或框选即可。

二十七、 插入省褶

1. 功能

在选中的线段上插入省、褶，纸样和结构线上均可操作。常用于制作泡泡袖，立体口袋等。

2. 操作

（1）有展开线的省、褶。

①单击或者框选插入省的线，单击右键。

②框选或单击省线或褶线，单击右键，弹出【指定线的插入省】对话框。

③在对话框中输入省量或褶量，选择需要的处理方式，【确定】即可，如图 2-95 所示。

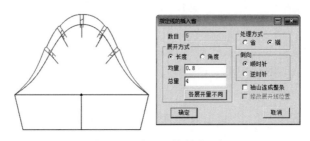

图 2-95 有展开线的省、褶

（2）无展开线的省、褶。

①单击或者框选插入省的线，再在空白处双击右键，弹出【指定段的插入省】对话框。

②在对话框中输入省量或褶量、省长或褶长度等，选择需要的处理方式，【确定】即可，如图2-96所示。

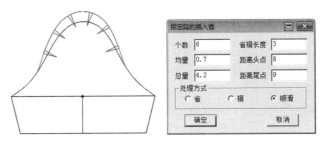

图 2-96　无展开线的省褶

二十八、 转省

1. 功能

用于将结构线及纸样上的省作转移。可同心转省，也可以不同心转省；可全部转移，也可以部分转移；也可以等分转省。转省后新省尖可在原位置也可以不在原位置。并可以联动调整。

2. 操作

（1）框选所有转移的线，单击右键。

（2）单击或框选新省线，单击右键。

（3）单击一条线确定为合并省的起始边，或单击关键点作为转省的旋转圆心。

①全部转省：单击合并省的另一边，用左键单击另一边，转省后两省长相等，如果用右键单击另一边，则新省尖位置不会改变，如图2-97（a）所示。

②部分转省：按住【Ctrl】，单击合并省的另一边，用左键单击另一边，转省后两省长相等，如果用右键单击另一边，则新省尖位置不会改变，如图2-97（b）所示。

③等分转省：输入数字为等分转省，再击合并省的另一边，用左键单击另一边，转省后两省长相等，如果用右键单击另一边，则不修改省尖位置，如图2-97（c）所示。

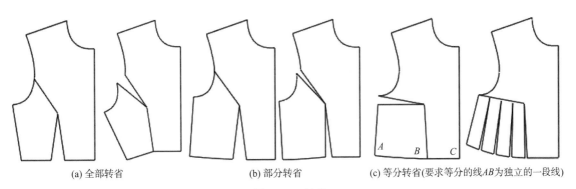

(a) 全部转省　　　　　　(b) 部分转省　　　　　　(c) 等分转省(要求等分的线AB为独立的一段线)

图 2-97　转省

（4）用图示说明省量全部转移的步骤，如图2-98（a）~（g）所示。

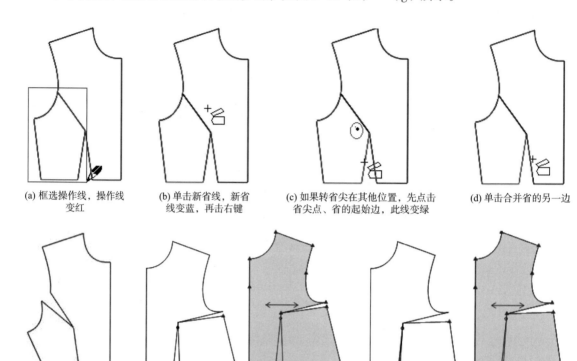

(a) 框选操作线，操作线 变红　　(b) 单击新省线，新省 线变蓝，再击右键　　(c) 如果转省尖在其他位置，先点击 省尖点、省的起始边，此线变绿　　(d) 单击合并省的另一边

(e) 省量全部转移结果　　(f) 调整工具右键点击红色联动点　　(g) 结构线调整，纸样同时调整

图 2-98　转省步骤

二十九、▲ 展开或去除余量

1. 功能

可单向展开或去除余量，也可双向展开或去除余量。常用于对领、荷叶边、大摆裙等的处理。在纸样、结构线上均可操作，并可联动调整。

2. 操作

（1）用【Shift】来切换单向展开或去除余量▽、双向展开或去除余量▽。

（2）用该工具框选（或单击）所有操作线，单击右键。

（3）单击不伸缩线（如果有多条框选后单击右键），双向展开时则为上段展开线。

（4）单击伸缩线（如果有多条框选后单击右键），双向展开时为下段展开线。

（5）如果有分割线，单击或框选分割线，单击右键确定固定侧，弹出【单向展开或去除余量】对话框（如果没有分割线，单击右键确定固定侧，弹出【单向展开或去除余量】对话框）。

（6）输入恰当数据，选择合适的选项，确定即可。

（7）如果是在纸样上操作，不需要操作上述第二步。

3.【单向展开或去余量】对话框说明

（1）在伸缩量中，输入正数为展开，输入负数为去除余量，如图2-99所示。

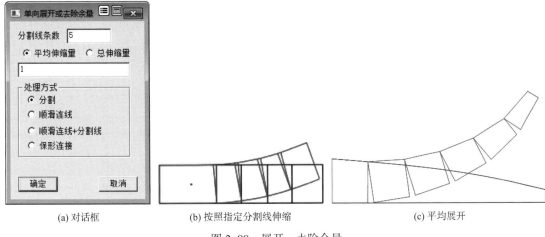

(a) 对话框　　　　　(b) 按照指定分割线伸缩　　　　　(c) 平均展开

图 2-99 展开、去除余量

（2）对话框中处理方式有以下三种：

①选择"分割"，输入伸缩量，确定后伸缩线分割开但没有连接；

②选择"顺滑连线"，输入伸缩量，确定后伸缩线会顺滑连接起来；

③选择"保形连接"，输入伸缩量，确定后伸缩线从伸缩位置连接起来。

（3）双向展开或去除余量的操作与单向展开或去除余量的操作相同。

4. 联动调整

用调整工具右键点击红色联动点，结构线调整，纸样同时调整，如图 2-100 所示。

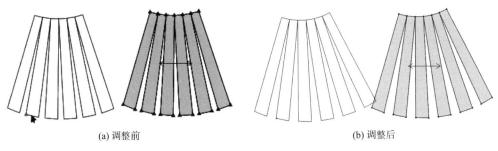

(a) 调整前　　　　　　　　　　　　(b) 调整后

图 2-100 联动调整

三十、 荷叶边

1. 功能

做螺旋荷叶边。只针对结构线操作。

2. 操作

（1）在工作区的空白处单击左键，在弹出的【荷叶边】对话框可输入新的数据，按【确定】即可，如图 2-101 所示。

（2）左键单击或框选所要操作的线后，单击右键，再分别单击上段线和下段线，弹出【荷叶边】对话框，有三种生成荷叶边的方式，选择其中的一种，按【确定】即可，如图 2-102 所示。

（3）"螺旋 3"可手动输入上段展开量和下段展开量来控制荷叶边形状，如图 2-103 所示。

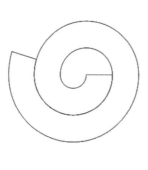
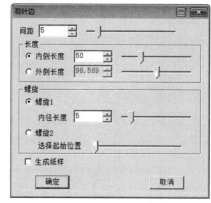

图 2-101 【荷叶边】对话框

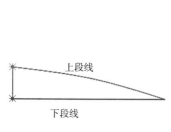
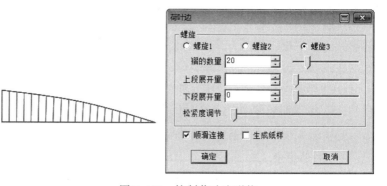

图 2-102 作曲线

图 2-103 控制荷叶边形状

三十一、 T 文字

1. 功能

用于在结构图或纸样上添加、移动、修改或删除文字以及调整文字的方向，且各个码上的文字内容可以不一样。

2. 操作

（1）添加文字。

①用该工具在结构图或纸样上单击鼠标左键（或者按住鼠标左键拖动，则可根据所画线的方向确定文字的角度），弹出【文字】对话框，如图 2-104 所示。

②输入文字，单击【确定】即可。

（2）移动文字。用该工具在文字上单击左键，文字被选中，将鼠标移至恰当的位置再次单击【确定】即可。

（3）修改或删除文字。

①把该工具光标移到需修改的文字，当文字

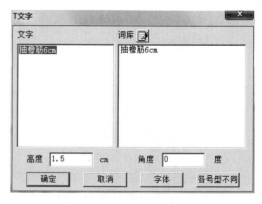

图 2-104 【文字】对话框

变亮后单击右键，弹出【文字】对话框，修改或删除后，单击【确定】即可。

　　②把该工具移在文字上，字发亮后，敲【Enter】键，弹出【文字】对话框，选中需修改的文字输入正确的信息即可被修改，按键盘【Delete】，即可删除文字，按方向键可移动文字位置。

　　③调整文字的方向把该工具移在要修改的文字上，单击鼠标左键不松手，拖动鼠标到目标方向松手即可。

　　④不同号型上加不一样的文字，如在某纸样上S码、M码加"抽橡筋6cm"，L码、XL码加"抽橡筋8cm"。

　　A. 用该工具在纸样上单击鼠标左键，在弹出的【文字】对话框输入"抽橡筋6cm"。

　　B. 单击【各码不同】按钮，在弹出的【各码不同】对话框中，把S码中的字符串改成"抽橡筋5cm"，把L码中的字符串改成"抽橡筋7cm"，如图2-105所示。

　　C. 点击【确定】，返回【文字】对话框，再次【确定】即可。

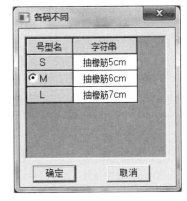

图2-105　【各码不同】对话框

3. 【文字】对话框参数说明

　　文字对话框参数说明如图2-106所示。

　　（1）【文字】：用于输入需要的文字。

　　（2）【词库】：用于建立树状分类词库，只要选择需要的分类，即可显示分类下的所有历史输入，直接双击鼠标左键即可应用到左边【文字】框，而不需要每次都重复输入。

　　（3）【高度】：用于设置文字的大小。

　　（4）【角度】：用于设置文字排列的角度。

　　（5）【字体】：单击【字体】对话框，其中可以设置T文字字体、字形、颜色（只针对结构线）以及统一修改款式中的所有T文字字体、高度。

　　（6）【各号型不同】：只有在不同号型上加的文字不一样时应用。

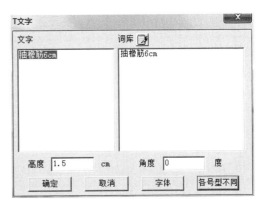

图2-106　【文字】对话框

　　注意：文字位置放码操作，用■选择纸样控制点选中文字，用点放码表来放。

三十二、■工艺图库

1. 功能

　　与【文档】菜单的【保存到图库】命令配合制作工艺图片；调出并调整工艺图片；可复制位图应用于办公软件中。

2. **操作**

（1）加入（保存）工艺图片。

①用该工具分别单击或框选需要制作的工艺图的线条（选中的线再次单击则为取消选中），单击右键即可看见图形被一个虚线框框住（再单击一次右键，则弹出【比例】调整对话框，输入新长度或新比例即可调整大小），如图2-107所示。

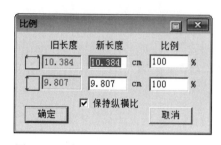

图2-107 加入工艺图片

②单击菜单栏的【文档】—【保存到图库】命令。

③弹出【工艺图库】对话框，选好路径，在文件栏内输入图的名称，单击【保存】即可增加一个工艺图。

（2）调出并调整工艺图片。

①在空白处调出。

A. 空白处单击左键，弹出【工艺图库】对话框（选中图再单击鼠标右键可修改文件名），如图2-108所示。

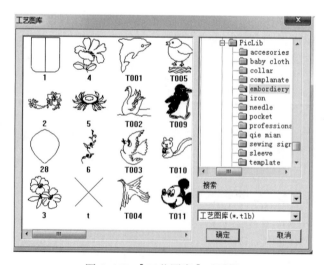

图2-108 【工艺图库】对话框

B. 在所需图片上双击，即可调出该图。

C. 在搜索处输入图案名，可以搜索，如图2-109所示。

D. 可单击鼠标左键进行移动或者调整大小，见表2-4。

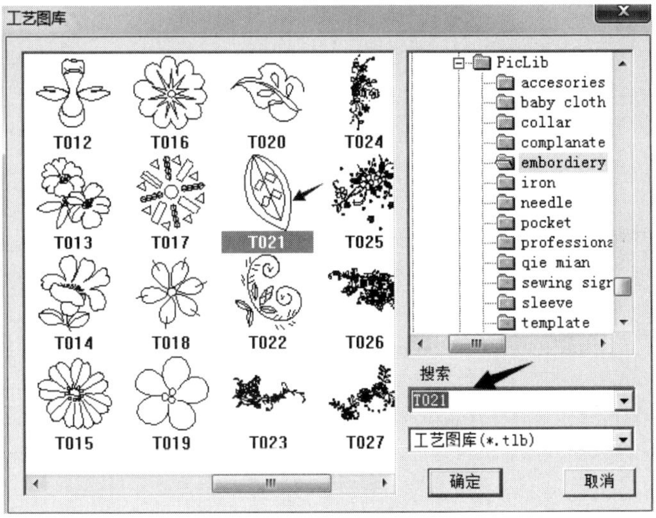

图 2-109　搜索图案名

表2-4　移动调整操作方法

图标及名称	操作方法
移动	当鼠标指针放在矩形框内，指针变为图中形状，单击移动鼠标到适当位置后再单击左键
水平拉伸	当鼠标指针放在矩形框左、右边框线上，指针变为图中形状，拖动鼠标到适当位置后再单击鼠标左键
垂直拉伸	方法同上
旋转	当鼠标指针放在矩形框的四个边角时，指针变为图中形状，拖动鼠标到适当位置后再单击鼠标左键
按比例拉伸	当鼠标指针放在矩形框的四个边角时，按住【Ctrl】键，指针变为图中形状，拖动鼠标到适当位置后再单击鼠标左键

E. 也可在空白处击鼠标右键弹出【比例】调整对话框，在空白处单击鼠标左键则为确定。

②在纸样上调出。

用该工具在纸样上单击，弹出【工艺图库】对话框；在所需的图上双击，即可调出该图。

（3）复制位图。

①框选需要的结构线，单击鼠标右键结束选择。

②编辑菜单下的【复制位图】命令激活，单击鼠标左键。

③打开 Word、Excel 等文件即可粘贴。

三十三、 缝份

1. 功能

用于给纸样加缝份或修改缝份量及切角。

2. 操作

（1）纸样所有边加（修改）相同缝份：用该工具在任一纸样的边线点单击，在弹出【衣片缝份】的对话框中输入缝份量，选择适当的选项，确定即可，如图 2-110 所示。

（2）多段边线上加（修改）相同缝份量：用该工具同时框选或单独框选加相同缝份的线段，击鼠标右键弹出【缝份】对话框，输入缝份量，选择适当的切角，确定即可，如图 2-111 所示。

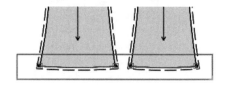

图 2-110　纸样所有边加入相同缝份　　　　图 2-111　多段边线上加入相同缝份

（3）先定缝份量，再单击纸样边线修改（加）缝份量：选中【缝份】工具后，敲数字键后按回车，再用鼠标在纸样边线上单击，缝份量即被更改，如图 2-112 所示。

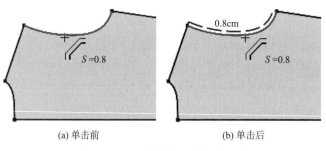

(a) 单击前　　　　　　　　　　(b) 单击后

图 2-112　在纸样边线修改缝份量

（4）单击边线：用【缝份】工具在纸样边线上单击，在弹出的【缝份】对话框中输入缝份量，确定即可。

（5）拖选边线点加（修改）缝份量：用【缝份】工具在 1 点上按住鼠标左键拖至 3 点上松手，在弹出的【缝份】对话框中输入缝份量，确定即可，如图 2-113 所示。

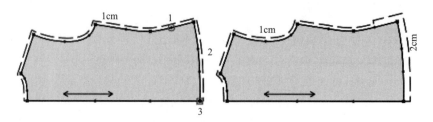

图 2-113　拖选边线点加缝份量

（6）修改单个角的缝份切角：用该工具在需要修改的点上单击鼠标右键，会弹出【拐角缝份类型】对话框，选择恰当的切角，确定即可，如图 2-114 所示。

（7）修改两边线等长的切角：选中该工具的状态下按【Shift】键，会弹出下列对话框，

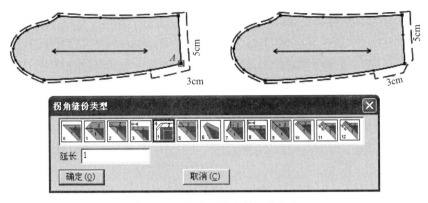

图 2-114　修改单个角的缝份切角

如图 2-115 所示。

图 2-115　修改两边线等长的切角

关联缝份三种图标的区别：

①如图 2-116（a）所示，是没有做切角的纸样，纸样前中片公主线延长到止口处的长度 AB=1.96cm，纸样前侧片公主线延长到止口处的长度 CD=1.78cm。

②如果选 ![icon] 时，无论先点击前中片公主线还是先点前侧片公主线，效果都是图 2-116（b）所示 $A'B=C'D=1.96$cm，都以长度长的一边为准来修正等长。

③选 ![icon] 时，先点击前中片后点击前侧片，效果如图 2-116（b）所示 $A'B=C'D=1.96$cm。如果先点击前侧后点击前中，效果如图 2-116（c）所示 $A'B=C'D=1.78$cm，后点击的是以前点的长度为准来确定长度。

④选 ![icon] 时，先点击前中公主线后点击前侧公主线，效果如图 2-116（d）所示。

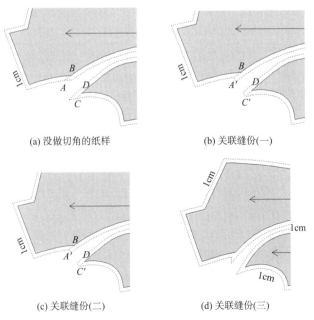

(a) 没做切角的纸样　　　　　　(b) 关联缝份(一)

(c) 关联缝份(二)　　　　　　(d) 关联缝份(三)

图 2-116　缝份

三十四、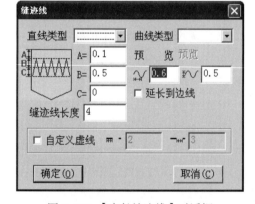 缝迹线

1. 功能

在纸样边线上加缝迹线、修改缝迹线类型、虚线宽度。

2. 操作

（1）加定长缝迹线，用该工具在纸样某边线点上单击，弹出【缝迹线】对话框，选择所需缝迹线，输入缝迹线长度及间距，点击【确定】即可。如果该点已经有缝迹线，那么会在对话框中显示当前的缝迹线数据，修改即可。

（2）在一段线或多段线上加缝迹线，用该工具框选或单击一段或多段边线后击鼠标右键，在弹出的对话框中选择所需缝迹线，输入线间距，点击【确定】即可。

（3）在整个纸样上加相同的缝迹线，用该工具单击纸样的一个边线点，在对话框中选择所需缝迹线，缝迹线长度输入"0"即可。或用操作（2）的方法，框选所有的线后击鼠标右键。

（4）在两点间加不等宽的缝迹线，用该工具顺时针选择一段线，即在第一控制点按下鼠标左键，拖动到第二个控制点上松开，弹出【缝迹线】对话框，选择所需缝迹线，输入线间距，点击【确定】即可，如果这两个点中已经有缝迹线，那么会在对话框中显示当前的缝迹线数据，修改即可。

（5）删除缝迹线，用橡皮擦单击即可。也可以在直线类型与曲线类型中选第一种无线型。

3.【定长缝迹线】参数说明

定长缝迹线参数说明如图 2-117 所示。

（1）A 表示第 1 条线距边线的距离，A 大于 0 表示缝迹线在纸样内部，小于 0 表示缝迹线在纸样外部。

（2）B 表示第 2 条线与第 1 条线的距离，计算的时候取其绝对值。

（3）C 表示第 3 条线与第 2 条线的距离，计算的时候取其绝对值。

图 2-117 【定长缝迹线】对话框

（4）自定义虚线：▦ 图标是线的长度，┑₩ᵣ 图标是线与线间的距离。

4.【两点间缝迹线】参数说明

两点间缝迹线参数说明如图 2-118 所示。

（1）A1、A2：A1 大于 0 表示缝迹线在纸样内部，小于 0 表示缝迹线在纸样外部。A1、A2 表示第 1 条线距边线的距离。

（2）B1、B2：表示第 2 条线与第 1 条线的距离，计算时取其绝对值。

（3）C1、C2：表示第 3 条线与第 2 条线的距离，计算时取其绝对值。

（4）这 3 条线要么在边界内部，要么在边界外部。在两点之间添加缝迹线时，可做出起点、终点距边线不相等的缝迹线，并且缝迹线中的曲线高度都是统一的，不会进行拉伸。

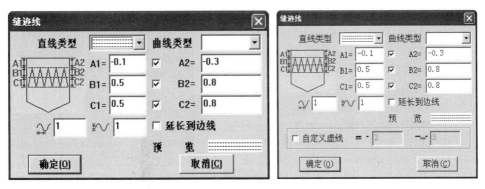

图 2-118　两点间缝迹线对话框

三十五、🔖做衬

1. 功能

用于在纸样上做衬样、贴边样。

2. 操作

（1）在多个纸样上加数据相等的衬、贴边：用该工具框选纸样边线后单击鼠标右键，在弹出的【衬】对话框中输入合适的数据即可，如图 2-119 所示。

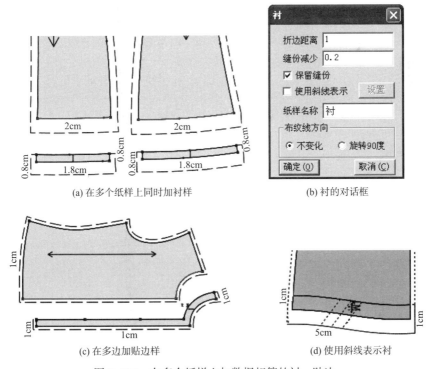

(a) 在多个纸样上同时加衬样　　　　　(b) 衬的对话框

(c) 在多边加贴边样　　　　　(d) 使用斜线表示衬

图 2-119　在多个纸样上加数据相等的衬、贴边

（2）整片纸样上加衬：用该工具单击纸样，纸样边线变色，并弹出对话框，输入数值确定即可，如图 2-120 所示。

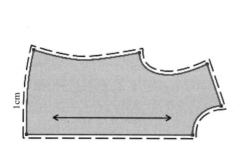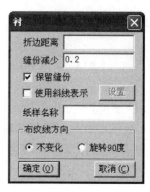

图 2-120　整片纸样上加衬

3.【衬】参数说明

（1）【折边距离】：输入的数为正数，所做的贴边或衬是以选中线向纸样内部量取的距离；如果为负数，所做的贴边或衬是以选中线向纸样外部量取的距离。

（2）【缝份减少】：输入的数为正数，做出的新纸样缝份减少；如果为负数，做出的新纸样缝份增大。

（3）【保留缝份】：勾选，所做新纸样有缝份；反之，所做新纸样无缝份。

（4）【使用斜线表示】：勾选，做完衬后原纸样上以斜线表示；反之，没有斜线显示在原纸样上。

（5）【纸样名称】：如果在此对话框输入衬，而原纸样名称为前衣片，则新纸样的纸样名称为前衣片，并且在原纸样加衬的位置显示"衬"字。

（6）【布纹线方向】：选择"不变化"，新纸样的布纹线与原纸样一致。选择"旋转90度"，新纸样的布纹线在原纸样的布纹线上旋转了90°。

三十六、◨褶

1.功能

在结构线或纸样边线上增加或修改刀褶、工字褶。做通褶时在原纸样上会把褶量加进去，纸样大小会发生变化。

2.操作

（1）结构线上有褶线操作（图 2-121）。

①用该工具单击或框选操作线，按鼠标右键结束。

②单击上段线，如有多条则框选并按右键结束（操作时要靠近固定的一侧，系统会有提示）。

③单击下段线，如有多条则框选并按右键结束（操作时要靠近固定的一侧，系统会有提示）。

④单击或框选展开线，单击右键，弹出【刀褶】或【工字褶】展开对话框（可以不选择展开线，需要在对话框中输入插入褶的数量）。

⑤在弹出的对话框中输入数据，按【确定】键结束。

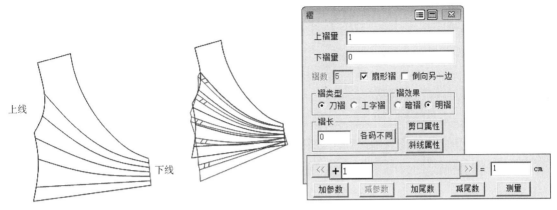

图 2-121　结构线上有褶线

（2）纸样上有褶线的情况（图 2-122）。

①用该工具框选或分别单击褶线，单击右键弹出【褶】对话框。

②输入上、下褶宽，选择褶类型。

③点击【确定】后，褶合并起来。

④此时，就用该工具调整褶底，满意后单击右键即可。

注意：该褶线可以是通褶也可以是半褶。

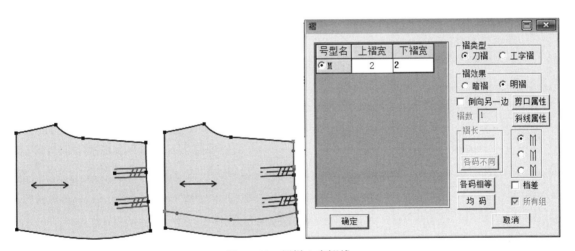

图 2-122　纸样上有褶线

（3）纸样上平均加褶的情况。

①选中该工具用左键单击加褶的线段（多段线时框选线段单击右键）。

②单击另外一段所在的边线，单击右键弹出褶对话框（图 2-123）。

③在对话框中输入褶量、褶数等，确定褶合并起来。

④此时，就用该工具调整褶底，满意后单击右键即可。

注意：右键的位置决定褶展开的方向，同时也决定褶的上、下段（靠近右键点击位置为固定位置，同时靠近右键点击位置的段为上段）。

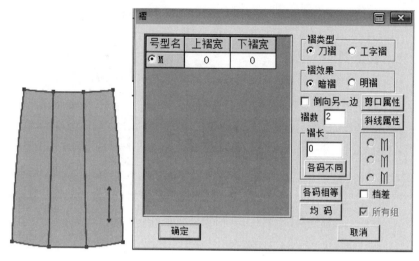

图 2-123　纸样上平均加褶

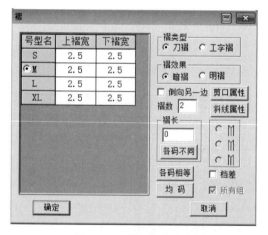

图 2-124　【褶】对话框

（4）修改工字褶或刀褶。

①修改一个褶：用该工具将光标移至工字褶或刀褶上，褶线变色后单击鼠标右键，即可弹出【褶】对话框。

②同时修改多个褶：使用该工具单击鼠标左键分别选中需要修改的褶后单击鼠标右键，弹出修改褶对话框（所选择的褶必须在同一个纸样上）。

3.【褶】对话框参数说明

【褶】对话框，如图 2-124 所示。

（1）【上褶宽】：当各码褶量相等时，单击【上褶宽】表格，这一列表格的数据全选中，可一次性输入各号型的褶量。

（2）【下褶宽】【褶长】：同理。

（3）【剪口属性】：设置剪口的类型、宽度、大小等。

（4）【斜线属性】：设置褶上标识的斜线条线及间隔等。

（5）【各码相等】：对实际值起效，以当前选中的表格项数值为准，将该组中其他号型变成相等的数值。

（6）【均码】：设置相邻号型的差量相等。

（7）【档差】：勾选以相对档差显示，反之以实际数值显示。

（8）通褶：褶长如果数值为 0，表示按照完整的长度来显示；如果输入不等于 0 的长度，则按照给定的长度显示。点击【各码不同】的按钮，可设置各码的褶长不相等。

（9）半褶：指定做褶的方式，第一个选项表示中间向两边加褶量，第二个、第三个是从一侧向另一侧加褶量。

4. 结构线褶修改，纸样自动修改

操作：在结构线上褶位置单击右键，如图 2-125 所示。

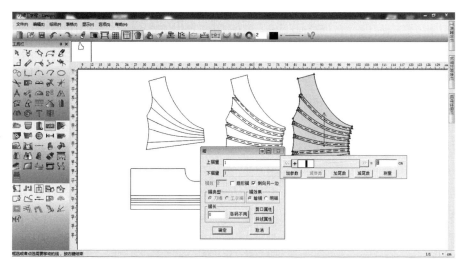

图 2-125　结构线褶修改

三十七、V型省

1. 功能

在结构线或纸样边线上增加或修改 V 型省。

2. 操作

（1）生成 V 型省，结构线上有省线的情况。

①点击 V 型省工具，右侧出现相关内容，如图 2-126 所示。

图 2-126　V 型省对话框

②选择生成 V 型省，单击或框选边线，按鼠标右键结束，单击或框选省线，按鼠标右键结束，如图 2-127 所示。

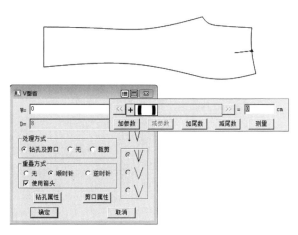

图 2-127　制作 V 型省

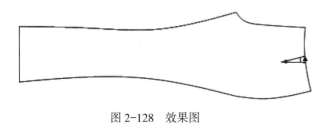

图 2-128　效果图

③输入相关选项，点【确定】，如图 2-128 所示。

（2）生成 V 型省，结构线上无省线的情况。

①第一步与上面相同。

②用该工具在边线上单击，先定好省的位置，如图 2-129 所示。

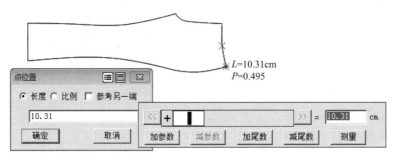

图 2-129　确定省的位置

③默认省线与边线垂直，按住【Ctrl】键可以任意移动省线方向，如图 2-130 所示。

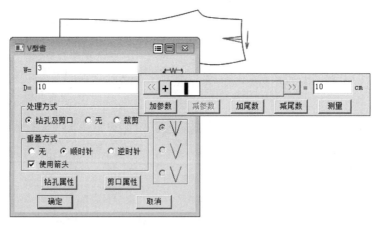

图 2-130　移动省线方向

④选择合适的选项，输入恰当的省量，如图 2-131 所示。

（3）修改 V 型省。选中该工具，将光标移至 V 型省上，省线变色后击鼠标右键，即可弹出【尖省】对话框。

注意：加上省后，如果再需要修改省量及剪口、钻孔属性，可用修改工具在省上击鼠标右键，即可弹出褶对话框进行修改。

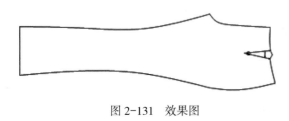

图 2-131　效果图

（4）纸样上操作方法与结构线上相同，对话框里多了各码相等、档差和基码。

（5）【V型省】对话框参数说明，如图2-132所示。

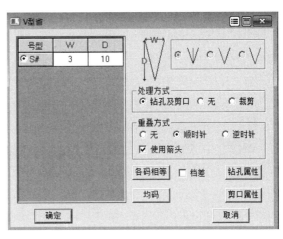

图2-132　【V型省】对话框

① █V○V○V 图标在纸样上加省时，可以选择省是中间向两边展开，还是从一边展开。

②【各码相等】、【均码】、【档差】：参照【褶】对话框参数说明。

③【钻孔属性】：参考【钻孔】对话框参数说明。

④【剪口属性】：参照【剪口】对话框参数说明。

⑤【使用箭头】：用箭头来表示省的倒向。

（6）拆分V型省。

①功能：将生成的V型省进行拆分，以便转省等操作。

②操作：直接在省上单击（图2-133）。

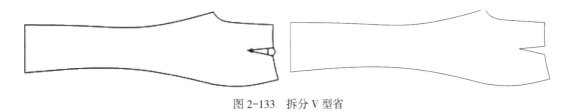

图2-133　拆分V型省

（7）重建V型省。按顺序点击线1、2、3、4（图2-134）。

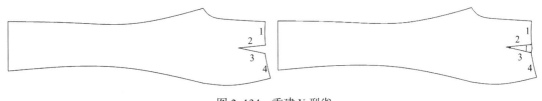

图2-134　重建V型省

（8）联动调整。结构线省调整，纸样省同时调整，在省上点鼠标右键，输入新的省宽，如图2-135所示。

三十八、█ 锥型省

1. 功能

在结构线或纸样上加锥型省或菱型省。

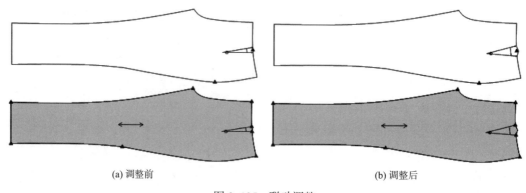

(a) 调整前   (b) 调整后

图 2-135　联动调整

2. 操作

如图 2-136（a）所示，用该工具依次单击点 A、点 B、点 C，弹出【锥型省】对话框；输入省量，点击【确定】即可，如图 2-136（b）所示。

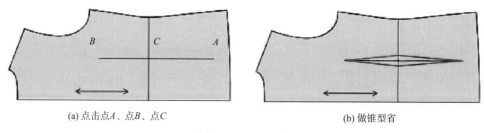

(a) 点击点A、点B、点C (b) 做锥型省

图 2-136　锥型省

3.【锥型省】参数说明

（1）$W1$、$W2$、$D1$、$D2$：分别指省底宽度、省腰宽度、省腰到省底的长度、全省长，如图 2-137 所示。

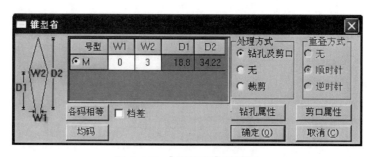

图 2-137　【锥型省】对话框

（2）【各码相等】、【均码】、【档差】：参照【褶】对话框参数说明。

（3）【钻孔属性】：参考【钻孔】对话框参数说明。

（4）【剪口属性】：参照【剪口】对话框参数说明。

注意：如果不在指定线上加锥型省或菱型省，$D1$、$D2$ 为激活状态，可输入数据。

三十九、 布纹线

1. 功能

用于创建布纹线，调整布纹线的方向、位置、长度以及布纹线上的文字信息。在结构线上或纸样上均可操作，如图2-138所示。

2. 操作

（1）在纸样外非布纹线位置单击鼠标左键可创建布纹线。

按住【Ctrl】键可作垂直线、水平线、45°线八个方向的布纹线，如图2-139所示。

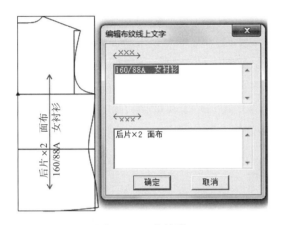

图 2-138　布纹线

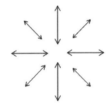

图 2-139　八个方向布纹线

（2）在纸样内部单击鼠标左键，可按两点指定方向更改布纹方向。

①单击鼠标左键，布纹线端点可更改布纹线长度。

②单击鼠标左键，布纹线中间可移动布纹线。

③单击鼠标右键，可顺时针旋转布纹线。

④【Ctrl】+鼠标右键，可逆时针旋转布纹线。

⑤【Ctrl】+鼠标左键，可编辑结构线布纹上的文字。

⑥【Shift】+鼠标左键，可更改布纹字体方向位置。

⑦【Shift】+鼠标右键，可使布纹字体垂直于布纹线摆放。

四十、 钻孔

1. 功能

在结构线或纸样上加钻孔（扣位），修改钻孔（扣位）的属性及个数。在放码的纸样上，各码钻孔的数量可以相等也可以不相等，也可加钻孔组。

2. 操作

（1）结构线上加剪口。

①钻孔（扣位）的个数和距离，系统自动画出钻孔（扣位）的位置。

A. 例如点击前领口深，弹出【钻孔】对话框（图2-140）。

B. 输入起始点偏移及个数即可。

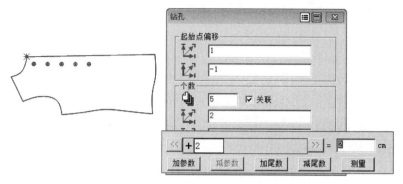

图 2-140 【钻孔】对话框

②结构线上加好钻孔后，用剪刀工具可以拾取到纸样上（图 2-141），并且当结构线上钻孔调整，纸样上同时调整。

③线上加钻孔。用钻孔工具在线上单击，弹出【钻孔】对话框；输入钻孔的个数及距首尾点的距离，点击【确定】即可，如图 2-142 所示。

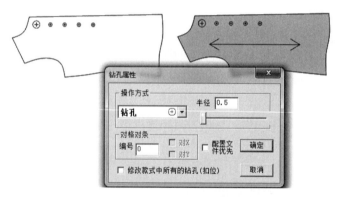

图 2-141 纸样上调整

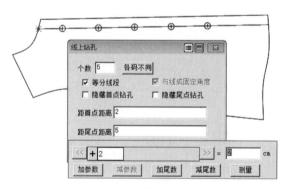

图 2-142 线上加钻孔

④加多排钻孔（图 2-143）。通常用于鞋子冲孔，这部分内容与自定义钻孔一起解释。

（2）纸样上加钻孔。根据钻孔和扣位的个数和距离，系统自动画出钻孔（扣位）的位置。

①如图 2-144 所示，用该工具单击前领深点，弹出【钻孔】对话框。

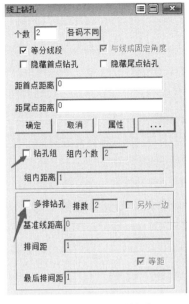

图 2-143　加多排钻孔

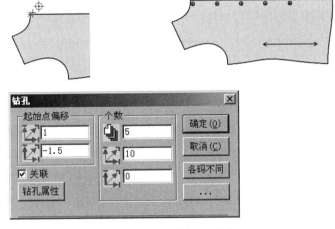

图 2-144　纸样上加钻孔

②输入偏移量、个数及间距，点击【确定】即可。

3. 【钻孔】对话框参数说明

（1）【起始点偏移】：指所加第一个钻孔与参照点偏移位置。

（2）【关联】：勾选，所加钻孔有关联，放码时只放首尾钻孔，其他钻孔自动放码。反之需要单独放码。

（3）【个数】：指同时加的钻孔个数。

（4）图标：指相邻两钻孔间的水平距离。

（5）图标：指相邻两钻孔间的垂直距离。

（6）点击放缩按钮，会弹出，勾选钻孔组，输入组内个数及组内距离，点击【确定】后如图 2-145 所示。

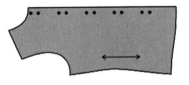

图 2-145　钻孔组

4. 在线上加钻孔（扣位）

放码时只放辅助线的首尾点即可。

（1）用钻孔工具在线上单击，弹出【线上钻孔】对话框。

（2）输入钻孔的个数及距首尾点的距离，点击【确定】即可，如图 2-146 所示。

(a) 选中纸样辅助线，亮星点为首点

(b) 钻孔对话框

(c) 加扣位后

图 2-146　在线上加钻位

5.【线上钻孔】参数说明

（1） 距首点 0 ：即距离辅助线首点的钻孔距离，亮星点为首点。

（2） 距尾点 0 ：辅助线相对首点的另一端。

（3）【隐藏首点钻孔】：勾选，首点钻孔即隐藏。

（4）【隐藏尾点钻孔】：勾选，尾点钻孔即隐藏。

（5）【等分线段】：勾选，为平分线段加钻孔；不勾选，钻孔间距可自行设定。

注意：在线上加的钻孔或扣位后，如果用调整工具调整该线的形状，钻孔或扣位的间距依然是等距的，以及距首尾点距离都不会改变。

6. 在不同的码上加数量不等的钻孔（扣位）

在不同的码上加数量不等的钻孔（扣位），有在线上加与不在线上加两种情况。下面以在线上加数量不等的扣位为例。在前三个码上加 3 个扣位，最后一个码上加 4 个扣位。

（1）用加钻孔工具，在下图辅助线上单击［图 2-147（a）］，弹出【线上钻孔】对话框。

（2）在扣位的个数中输入"3"，单击【各码不同】，如图 2-147（b）所示，弹出【各号型】对话框。

（3）单击最后一个 XL 码的个数输入"4"，点击确定［图 2-147（c）］，返回【线上钻孔】对话框。

（4）再次单击【确定】即可，如图 2-147（d）所示。

(a) 在辅助线上单击

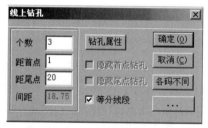

(b) 线上钻孔对话框

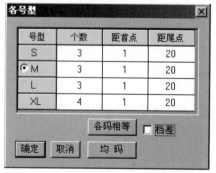

(c) 各号型对话框

(d) 效果

图 2-147　加数量不等的扣位

7. 修改钻孔（扣位）的属性及个数操作

用该工具在扣位上单击右键，即可弹出【属性】对话框。

【属性】对话框参数说明（图2-148）。

（1）【操作方式】：

①勾选钻孔，指连接切割机时该钻孔为切割。

②勾选只画，指连接绘图仪、切割机时为只画。

③勾选 Drill M43 或 Drill M44 或 Drill M45，指连接裁床时，砸眼的大小。

（2）【半径】：钻孔圆形半径。

（3）【对格对条】：设定对条格的编号，及后面的勾选项，到排料时会自动对条格。

（4）【修改款式中所有的钻孔（扣位）】：勾选后，本款式中所有的钻孔（扣位）的操作方式、半径都相同。

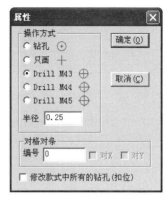

图2-148 【属性】对话框

8. 冲孔

（1）钻孔库的建立与命令设置。

①使用智能笔绘制自己需要的冲孔类型（图2-149）。

②使用钻孔工具 ，选择以后按【Shift】键切换（建立钻孔库工具），如图2-150所示，选中智能笔绘制的冲孔，右键确定，选择冲孔的顶点拖出虚线到终点。

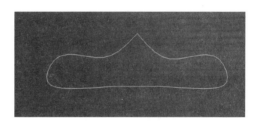

图2-149 绘制冲孔

图2-150 建立钻孔库

③之后弹出对话框，备注文件名，保存。

④点击选项，钻孔命令设置。

⑤选择冲孔形状，设置命令为"5"，确定，如图2-151所示。

⑥使用钻孔工具，再单击需要加冲孔的线，如图2-152所示。

⑦弹出对话框，选择【属性】，钻孔选择刚刚设置命令的"5"，确定，如图2-153所示。

（2）自定义钻孔的生成（单个、线上单排、线上多排）。

①按照设计的需求选择，以单个设定为例（图2-154）。

②按线上单排，勾选等分线段后，输出的数值是多少就会等分排列，如图2-155所示。

③线上多排。线上多排需要选择属性旁边的"..."才能线上多排，如图2-156所示。

A. 调整线段前后的冲孔数与距离（图2-157）。

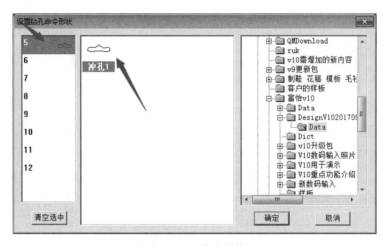

图 2-151　冲孔形状

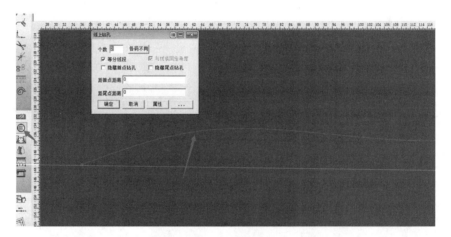

图 2-152　使用钻孔工具

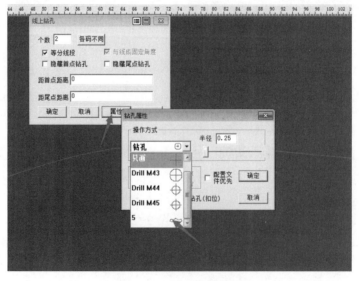

图 2-153　设置钻孔属性

图 2-154　自定义钻孔

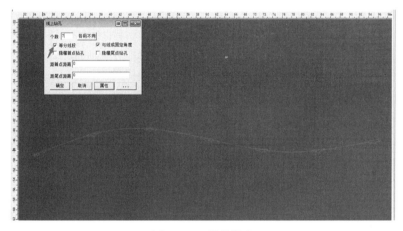

图 2-155　等分线段

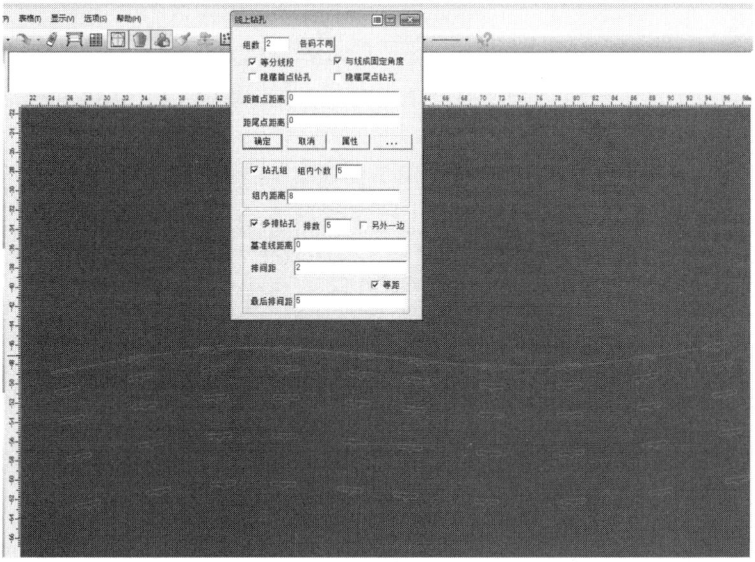

图 2-156　线上多排

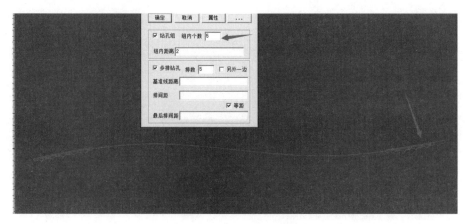

图 2-157　冲孔数与距离

B. 调整冲孔的排数与基准线的距离（图 2-158）。

C. 如果"排间距"选择"1"，"最后排间距"没有选择的话，效果是循环下来的排列；如果"最后排间距"大于"排间距"，那么就是渐变的效果（图 2-159）。

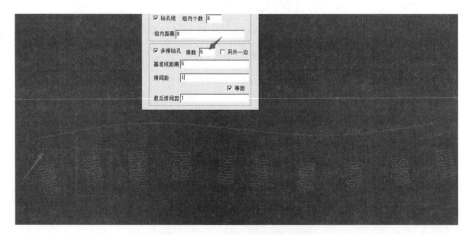

图 2-158　排数与基准线距离

图 2-159　渐变效果

四十一、 ⊢•⊣ 扣眼

1. 功能

在结构线或纸样上加眼位、修改眼位。在放码的纸样上，各码眼位的数量可以相等也可以不相等，也可加组扣眼。注意：结构线上加扣眼操作与钻孔一致，也可联动修改。

2. 操作

（1）根据眼位的个数和距离，系统自动画出眼位的位置。

①用该工具单击前领深点，弹出【扣眼】对话框。

②输入偏移量、个数、间距及属性，【确定】即可，如图2-160所示。

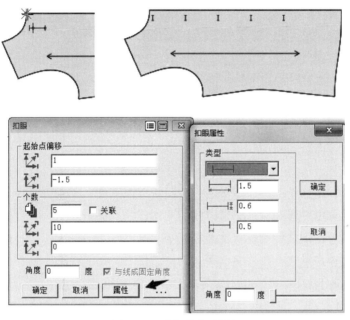

图2-160 【扣眼】对话框

（2）【扣眼】对话框参数说明。

①【起始点偏移】：指所加第一个眼位与参照点偏移位置。

②【个数】：指同时加的眼位个数。

③ 图标：指相邻眼位间的水平距离，如果加的扣眼在参照点的右边，输入正数；如果加的扣眼在参照点的左边，输入负数。

④ 图标：指相邻眼位间的垂直距离，如果加的扣眼在参照点的上边，输入正数；如果加的扣眼在参照点的下边，输入负数。

⑤【角度】：扣眼角度，可以根据纸样的实际需求对扣眼进行不同角度的设置。

⑥【类型】：指扣眼有不同的外形，可以在类型后面的下拉三角里选择不同的扣眼外形。

⑦ ··· 点击放缩按钮，会弹出 ，勾选扣眼组，输入组间个数及组间距离，确定后如图2-161所示。

（3）在线上加扣眼，放码时只放辅助线的首尾点即可。操作参考加钻孔。

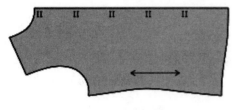

图 2-161 加扣眼效果图

（4）在不同的码上，加数量不等的扣眼。操作参考加钻孔。

（5）按鼠标移动的方向确定扣眼角度。操作如图 2-162 所示，用该工具选中参考点，按住左键拖线，再松手会弹出加扣眼对话框。

（6）修改眼位。操作，用该工具在眼位上单击右键，即可弹出【扣眼】对话框。

图 2-162 确定扣眼角度

四十二、🖋 各码对齐

1. 功能

将各码放码量按点或剪口（扣位、眼位）线对齐或恢复原状。

2. 操作

（1）用该工具在纸样上的一个点单击，放码量以该点按水平垂直对齐。

（2）用该工具选中一段线，放码量以线的两端连线对齐。

（3）用该工具单击点之前按住 X 为水平对齐。

（4）用该工具单击点之前按住 Y 为垂直对齐。

（5）按住【Shift】，在纸样上单击鼠标右键，为恢复原状。

注意：用 🔲 选择纸样控制点工具选中放码点，每按一下键盘上的【Z】键，放码量以该点在水平垂直对齐、垂直对齐、水平对齐间切换。这样检查放码量更方便。

四十三、🖼 剪口

1. 功能

在结构线或纸样边线上加剪口、拐角处加剪口以及辅助线指向边线的位置加剪口，调整剪口的方向、剪口放码、修改剪口的定位尺寸及属性。

2. 操作

（1）选择剪口工具，在右侧工具栏属性出现剪口对话框。选择【生成 / 修改剪口】（图 2-163）。

①在结构线或纸样控制点上加剪口：用该工具在控制点上单击即可。

②在结构线或纸样的一条线上加剪口：用该工具单击线或框选线，弹出【剪口】对话框，选择适当的选项，输入合适的数值，点击【确定】

图 2-163 剪口对话框

即可，如图 2-164 所示。

③在多条线上同时加等距剪口：用该工具在需加剪口的线上框选后再击鼠标右键，弹出【剪口】对话框，选择适当的选项，输入合适的数值，点击【确定】即可，如图 2-165 所示。

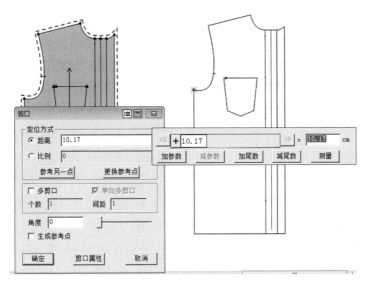

图 2-164　在一条线上加剪口

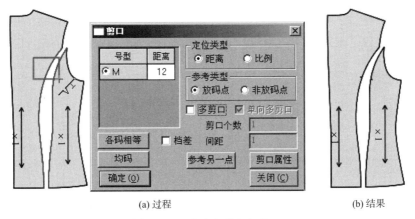

(a) 过程　　　　　　　　　　　　　　　　　　　　(b) 结果

图 2-165　在多条线上加剪口

④在两点间加等分剪口：用该工具拖选两个点，弹出【比例剪口，等分剪口】对话框，选择等分剪口，输入等分数目，确定即可在选中线段上平均加上剪口，如图 2-166 所示。

（2）生成拐角剪口：

①选择生成拐角剪口或用【Shift】键把光标切换为拐角光标，单击纸样上的拐角点，在弹出的对话框中输入正常缝份量（图 2-167），确定后缝份不等于正常缝份量的拐角处都统一加上拐角剪口。

②框选拐角点即可在拐角点处加上拐角剪口，如图 2-168 所示，可同时在多个拐角处同时加拐角剪口。

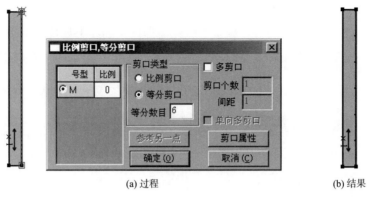

(a) 过程　　　　　　　　　　　　　　　(b) 结果

图 2-166　在两点间加剪口

图 2-167　拐角剪口对话框

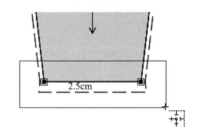
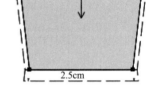

图 2-168　在拐角处加剪口

③框选或单击线的"中部"，在线的两端自动添加剪口，如图 2-169（a）、（b）所示。如果框选或单击线的一端，在线的一端添加剪口，如图 2-169（c）、（d）所示。

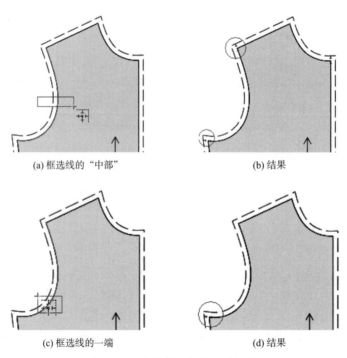

(a) 框选线的"中部"　　　　　　　　　　　　(b) 结果

(c) 框选线的一端　　　　　　　　　　　　(d) 结果

图 2-169　在线的中部或一端加剪口

④拐角剪口说明：用拐角剪口加的剪口，用剪口工具可以把剪口的角度在0°、90°、180°、270°间切换。

（3）框选删除剪口：适用于结构线与纸样。选择框选删除剪口，用剪口工具框选剪口再单击鼠标右键，剪口即被删除。

（4）框选修改剪口。

①选择框选修改剪口，用剪口工具框选剪口再单击鼠标右键，出现【剪口属性】对话框，如图2-170所示。

②选择适当的参数即可。

（5）删除所有拐角剪口：适用于结构线与纸样。

①选择删除所有拐角剪口，出现【选择纸样】对话框，如图2-171所示。

②选择选项即可将拐角剪口删除。

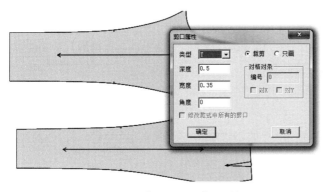

图2-170 【剪口属性】对话框

图2-171 【选择纸样】对话框

（6）删除所有剪口：适用于结构线与纸样。

①选择删除所有拐角剪口，出现【删除所有剪口】对话框，如图2-172所示。

②选择选项即可将剪口删除。

（7）修改所有剪口：适用于结构线与纸样。

①选择修改所有剪口，出现【剪口属性】对话框，如图2-173所示。

②选择相关选项，即可更改所有的剪口。

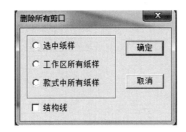

图2-172 【删除所有剪口】对话框

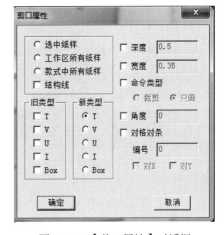

图2-173 【剪口属性】对话框

（8）调整剪口的角度：适用于结构线与纸样。用该工具在剪口上单击会拖出一条线，拖至需要的角度单击即可。

（9）对剪口放码、修改剪口的定位尺寸及属性：用该工具在剪口上单击鼠标右键，弹出【剪口】对话框，可输入新的尺寸，选择剪口类型，最后点【应用】即可。

3.【剪口】对话框参数说明

剪口对话框，如图 2-174 所示。

（1）【定位类型】：选中距离时，加剪口以距离定位，数据为所加剪口到参照点（亮星点）的长度；选中比例时，加剪口以比例定位，比例为剪口到亮星点的长度与选中线长度的比例。

（2）【参考类型】：参考点可以是放码点，也可以是非放码点。

（3）【多剪口】：指一次剪多个剪口，是一个整体。

（4）【单向多剪口】：勾选时，距离下的数值是参考点至最近剪口的数值；不勾选是参考点到多剪口中点的数值。

（5）【剪口个数】：可以是两个或两个以上，【间距】指相邻剪口间的距离。

（6）勾选【档差】，无论光标在距离下的任一号型中，点击 各码相等 后，各码剪口到参照点的距离都与基码相同。

（7）未勾选【档差】，无论光标在距离下的任一号型中，点击 各码相等 后，其他码的剪口到参照点的距离与光标所在码相同。

（8）勾选【档差】，无论在哪个码中输入档差量，再点击 均码 ，各码以光标所在码数值"均等跳码"。

（9）未勾选【档差】，在基码之外码中输入数值，再点击 均码 ，各码以该号型与基码所得差再"均等跳码"。

4.【比例剪口，等分剪口】对话框参数说明

【比例剪口，等分剪口】对话框，如图 2-175 所示。

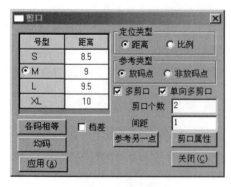

图 2-174 【剪口】对话框

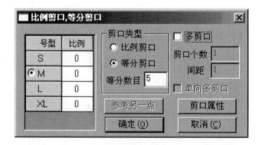

图 2-175 【比例剪口，等分剪口】对话框

（1）【剪口类型】：比例剪口是针对两点间（可以是多段线的两点间）按比例加剪口；等分剪口指两点间加等分剪口（与等分规类似）。

（2）【参考另一点】：选中比例剪口时，点击该按钮，参考点会切换到其他点上。

四十四、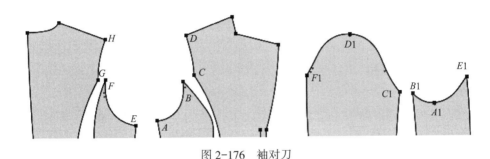袖对刀

1. 功能

在袖窿与袖山上同时打剪口，并且前袖窿、前袖山打单剪口，后袖窿、后袖山打双剪口，如图2-176所示。

图2-176　袖对刀

2. 操作

（1）依次选前袖窿线、前袖山线、后袖窿线、后袖山线，用该工具在靠近点A、点C的位置，依次单击或框选前袖窿线AB、CD，单击鼠标右键。

（2）再在靠近点A1、C1的位置，依次单击或框选前袖山线A1B1、C1D1，单击鼠标右键。

（3）同样在靠近点E、G的位置，依次单击或框选后袖窿线EF、GH，单击右键。

（4）再在靠近点A1、F1的位置，依次单击或框选后袖山线A1E1、F1D1，单击右键。

（5）弹出【袖对刀】对话框，输入恰当的数据，单击【确定】即可。

3. 【袖对刀】对话框参数说明

袖对刀对话框，如图2-177所示。

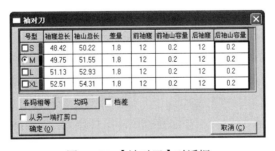

图2-177　【袖对刀】对话框

（1）【号型】：号型前打勾或有点时，显示该码，所加剪口也即时显示，对话框中数据可随时改动。

（2）【袖窿总长】：指操作中第一步与第三步选中线的总长。

（3）【袖山总长】：指操作中第二步与第四步选中线的总长。

（4）【差量】：指袖山总长与袖窿总长的差值。

（5）【前袖窿】：指剪口距袖窿底或肩点的长度。

（6）【前袖山容量】：指前袖山的剪口距离与前袖窿剪口距离的差值。

（7）【后袖窿】：指剪口距袖窿底或肩点的长度。

（8）【后袖山容量】：指后袖山的剪口距离与前后袖窿剪口距离的差值。

（9）【从另一端打剪口】：如果选线时是从袖窿底开始选择的，勾选此项，剪口的距离从肩点开始计算。

（10）【各码相等】、【均码】、【档差】：参考【褶】对话框说明。

四十五、 修改纸样

1. 功能

对已经有的纸样进行修改（图2-178）。

2. 操作

（1）单击边线（如果有多条线要框选，再点击鼠标右键）。

（2）点击替换线（如果有多条线要框选，再点击鼠标右键）。

（3）框选替换线，在要保留位置点击鼠标右键。

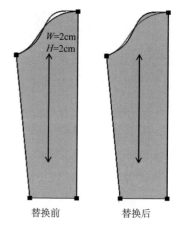

替换前　　　　替换后

图2-178　修改纸样

四十六、 旋转纸样

1. 功能

用于旋转纸样。

2. 操作

（1）对单个纸样：

①如果布纹线是水平或垂直方向时，用该工具在纸样上单击右键，纸样按顺时针90°旋转；【Shift】+右键单击纸样逆时针旋转90°。如果布纹线不是水平或垂直方向时，用该工具在纸样上单击右键，纸样旋转到与布纹线水平或垂直方向。

②用该工具单击左键选中两点，移动鼠标，纸样以选中的两点在水平或垂直方向上旋转。

③按住【Ctrl】键，用左键在纸样上单击两点，移动鼠标，纸样可随意旋转。

④按住【Ctrl】键，在纸样上击右键，可按指定角度旋转纸样。

（2）对多个纸样：

①框选纸样后，按右键可以将纸样顺时针旋转90°。

②框选纸样后，按住【Shift】键，按右键纸样则逆时针旋转90°。

③在空白处单击左键或按【ESC】键退出该操作。

注意：旋转纸样时，布纹线与纸样在同步旋转。

四十七、 纸样对称

1. 功能

如图2-179所示，可以把纸样在只显示一半、关联对称、不关联对称等几种状态间设置。

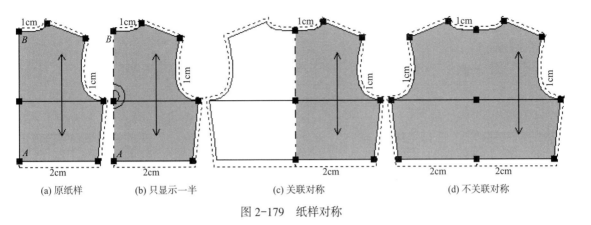

图 2-179　纸样对称

（1）只显示一半：只显示对称的一边，在放码中绘图时只绘一半（排料中会自动展开成整体纸样）。

（2）关联对称：纸样两边全显示，纸样的一半被颜色填充（调整填充的一半时，另一半关联调整），绘图时绘整片纸样。

（3）不关联对称：显示纸样的全部。调整纸样的一半时，另一半不会跟随调整。

2. 操作

（1）选中纸样对称工具，【工具属性栏】里会出现相应的选项，如图2-180所示。

（2）用鼠标选中，在原纸样线段 AB 上单击，根据需要在对话框中勾选合适的选项，就变成只显示一半纸样。

图 2-180　【工具属性栏】对话框

（3）恢复原纸样的设置：选中纸样后，只需点击"删除对称轴"的按钮即可。

总之，设置前的纸样没有对称轴要设置对称，需要在选中对称纸样工具后，单击纸样上对称轴的两点，并在对话框中选择或点击相应的按钮，如果设置前纸样上有对称轴，则先选中纸样再点击对话框中相应的按钮即可。

注意：如果纸样的两边不对称，选择对称轴后默认保留面积大的一边，如图2-181所示。

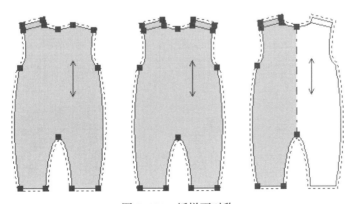

图 2-181　纸样不对称

四十八、水平垂直翻转

1. **功能**

用于将纸样翻转。

2. **操作**

（1）对单个纸样翻转。

①水平翻转与垂直翻转间用【Shift】键切换；在纸样上直接单击左键即可。

②纸样设置了左或右，翻转时会提示"是否翻转该纸样？"如果需要翻转，单击"是"即可，如图 2-182 所示。

（2）对多个纸样翻转。

用该工具框选要翻转的纸样后单击右键，所有选中纸样即可翻转。在空白处单击左键或按【ESC】键退出该操作。

图 2-182 【翻转纸样】对话框

四十九、分割纸样

1. **功能**

将纸样沿辅助线剪开。

2. **操作**

（1）选中分割纸样工具，工具属性栏里出现相应的对话框，如图 2-183 所示。

（2）选择相应的选项，在纸样的辅助线上单击。

（3）纸样即被分割。

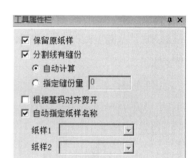

图 2-183　分割纸样

3. **【分割纸样】参数说明**

（1）【保留原纸样】：选择后，被分割纸样后原纸样保留。

（2）【分割线有缝份】：分割后的纸样，分割边自动加指定的缝份量。

（3）【根据基码对齐剪开】：

①选择后，以基码状态展开，如图 2-184 所示。

②不选择，以显示状态剪开，如图 2-185 所示。

（4）【自动指定纸样名称】：选择后，分割后的纸样会自动在原文件名基础上，生成文件名。

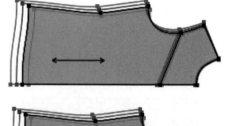

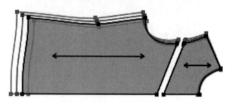

图 2-184　以基码状态展开

五十、合并纸样

1. **功能一**

将两片纸样合并成一片纸样，以合并线两端点的连线合并。

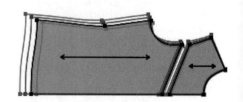

图 2-185　以显示状态展开

2. 功能一操作

当在第一片纸样上单击后［图2-186（a）］，按【Shift】键在保留合并线⁺🔲［图2-186（b）］与不保留合并线⁺🔲［图2-186（c）］间切换。

选中对应光标后有4种操作方法：

（1）直接单击两片纸样的空白处。

（2）分别单击两片纸样的对应点。

（3）分别单击两片纸样的两条边线。

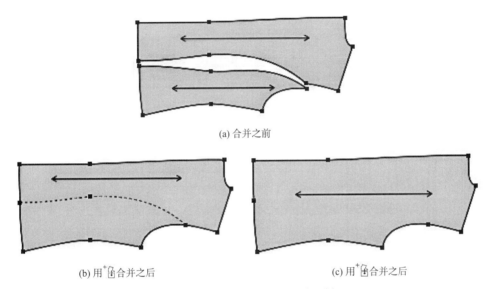

(a) 合并之前

(b) 用⁺🔲合并之后　　　　　　　　　　　(c) 用⁺🔲合并之后

图2-186　两片纸样合并为一片纸样

（4）拖选一片纸样的两点，再拖选纸样上两点即可合并。

3. 功能二

将两片纸样合并显示。

4. 功能二操作

如图2-187（a）所示，用该工具，按住【Ctrl】键分别单击点A、点B、点C、点D，左边的纸样就会合并在右边的纸样上，并且显示是两片纸样，如图2-187（b）所示。

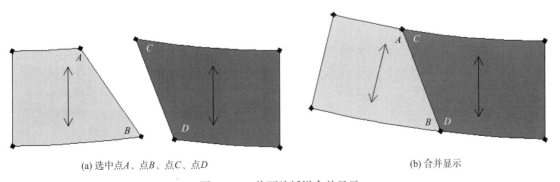

(a) 选中点A、点B、点C、点D　　　　　　　　　　(b) 合并显示

图2-187　将两片纸样合并显示

五十一、 缩水

1. 功能

根据面料对纸样进行整体缩水处理。针对选中线可进行局部缩水。

图 2-188 经向

2. 整体缩水操作

（1）选中缩水工具。

（2）在纸样上单击鼠标左键，再右键，弹出【缩水】对话框，纸样上会自动标出经向方向，如图 2-188 所示。

（3）选择缩水面料，选中适当的选项，输入纬向与经向的缩水率，【确定】即可，如图 2-189 所示。

缩水（单位：%）

序号	1	2	3	4	5	6
纸样名	后中	后侧	后中贴	大袖	小袖	领
旧纬向缩水率	0	0	0	0	0	0
新纬向缩水率	0	0	0	0	0	0
纬向缩放	0	0	0	0	0	0
旧经向缩水率	4	4	4	0	0	4
新经向缩水率	4	4	4	0	0	4
经向缩放	4.17	4.17	4.17	0	0	4.17
加缩水量前的纬向尺寸	20	14.6	22.52	22.94	14.11	34.28
纬向变化量	0	0	0	0	0	0
加缩水量后的纬向尺寸	20	14.6	22.52	22.94	14.11	34.28
加缩水量前的经向尺寸	68.25	53.74	8.42	60.08	50.25	9.27
经向变化量	2.84	2.24	0.35	0	0	0.39
加缩水量后的经向尺寸	71.09	55.98	8.77	60.08	50.25	9.66

○ 仅选择的纸样　　选择面料　　纬向缩水率（W）□　纬向缩放 □　　确定
○ 工作区中的所有纸样　全部面料▼
● 款式中所有的纸样　　　　　　经向缩水率（L）□　经向缩放 □　　取消

图 2-189 【缩水】对话框

（4）说明：

①整体缩水能记忆旧缩水率，并且可以更改或去掉缩水率。如原先加了 5% 的缩水率，换新布料后，缩水率为 7%，那么直接输 7，清除缩水率，输入 0 即可。

②更改或清除缩水率时，表格框会颜色填充起警示作用。

③缩水与缩放两者之间是连动的，在缩水中输入数据，缩放自动会计算出相应值，同理缩放中输入数据，缩水中也有对应值，两者中只需输入其一。如尺寸为 100，加 10% 的缩水，算法为：$100+100 \times 10\% + 100 \times 10\% \times 10\% + 100 \times 10\% \times 10\% \times 10\% \cdots \approx 111.11$；而加 10% 的缩放，算法为：$100+100 \times 10\% = 110$。

3. 局部缩水操作

（1）单击或框选要局部缩水的边线或辅助线后击右键，弹出【局部缩水】对话框，如图 2-190 所示。

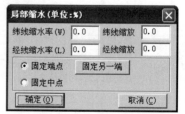

图 2-190 【局部缩水】对话框

（2）输入缩水率，选择合适的选项，点击【确定】即可。

（3）注意：

①局部缩水没有记忆旧缩水率功能。大家应用的时候一定要留意。

②缩水与布纹线无关。如果样片已经加了缩水，这时又要调整布纹线：按【Shift】，光标出现"×"时，点击样片，再单击右键，出现如图2-191所示的对话框。按【是】可以取消关联，即调整布纹线，原缩水不变。

图2-191　【缩水与布纹线关联】
对话框

五十二、添加、修改图片

1. **功能**

在纸样上添加图片（Logo），并能在纸样上绘制出来。

2. **操作**

①添加图片（格式可以为BMP、JPG、GIF、PNG、TIF、DST、DSZ、DSB），可打开格式文件。

②选中该工具，如图2-192所示，把光标移在点A上点击回车，在弹出的【移动量】对话框中输入图片的偏移量，点击【确定】。

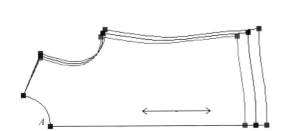
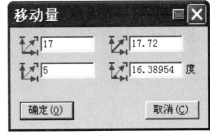

图2-192　输入图片移动量

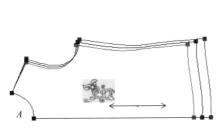
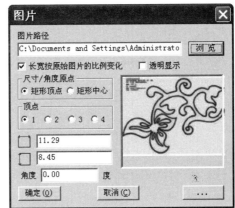

图2-193　【图片】对话框

③拖动新生成点，再单击图片功能键，弹出【图片】对话框，打开图片，如图 2-193 所示。

④用 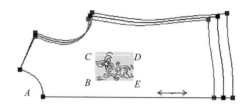 选择纸样控制点可选中图片边角控制点，用点放码表放码，只放其中一个点即可，如图 2-194 所示，或点击【图片】对话框右下角，也可对图片放码。

图 2-194　用点放码表放码

3. 【图片】对话框说明

（1）【浏览】：打开图片所在位置。

（2）【长宽按原始图片的比例变化】：勾选此项，图片以原始图的比例变化。

（3）【透明显示】：勾选，图片透明显示。

（4）【尺寸 / 角度原点】。

①【矩形顶点】：图片的旋转固定位置为矩形顶点。

②【矩形中心】：按显示的矩形中心为旋转固定位置。

（5）【顶点】：旋转图片的四个顶点可以自由选择。

（6）【角度】：指旋转的度数。

4. 修改图片

（1）用该工具或调整工具在图片上单击右键。

（2）弹出【图片】对话框，可更换图片。

（3）修改图片长宽、角度等信息。

（4）在图片上单击左键选中图片，如图 2-195 所示。

（5）根据鼠标不同的位置出现不同光标对图片进行不同的操作，见表 2-5。

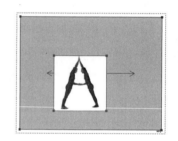

图 2-195　选中图片

表2-5　鼠标位置

图示	操作
（图片A带十字光标）	当鼠标移动到红色矩形框内，鼠标变为图中形状，单击移动鼠标到适当位置之后再单击左键即可
（图片A带左右箭头）	当鼠标放在矩形框左右边框线上，鼠标变成图中形状，单击拖动鼠标到适当位置后再单击左键即可
（图片A带上下箭头）	方法同上
（图片A带旋转光标）	当鼠标放在矩形框的四个顶点上，鼠标变成图中形状，单击移动鼠标，图片以选中顶点的对角为固定点旋转，旋转到适当角度再单击左键即可； 当鼠标放在矩形框的四个顶点上，同时按下【Ctrl】键，鼠标变成图中形状，单击移动鼠标到适当角度再单击左键即可
（图片A选中状态）	图片修改完之后，在空白处单击左键，取消图片的选中

五十三、▱重新顺滑曲线

1. 功能

用于调整曲线并使关键点的位置保留在原位置，常用于处理读图纸样。

2. 操作

（1）用该工具单击需要调整的曲线［图2-196（a）］，此时原曲线处会自动生成一条新的曲线（如果中间没有放码点，新曲线为直线，如果曲线中间有放码点，新曲线默认通过放码点）。

（2）用该工具单击原曲线上的控制点，新的曲线就吸附在该控制点上（再次在该点上单击，又脱离新曲线），如图2-196（b）所示。

（3）新曲线达到满意后，在空白处再击右键即可，如图2-196（c）所示。

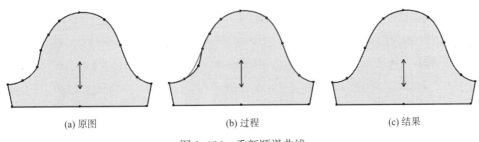

(a) 原图　　　　　　　　　(b) 过程　　　　　　　　　(c) 结果

图 2-196　重新顺滑曲线

五十四、✍水平、垂直校正

1. 功能

将一段线校正成水平或垂直状态，如图2-197（a）所示线段 *AB* 校正为图2-197（b）状态。常用于校正读图纸样。

(a) 校正前　　　　　　　　　　　　　　(b) 校正后

图 2-197　水平校正

2. 操作

（1）按【Shift】键把光标切换成水平校正 ⁺◿ （垂直校正为 ⁺◺）。

（2）用该工具单击或框选线段 *AB* 后单击右键，弹出【水平垂直校正】对话框，如图2-198所示。

（3）选择合适的选项，单击【确定】即可。

注意：这是修正纸样不是摆正纸样，纸样尺寸会有变化，因此一般情况只用于微调。

图 2-198　【水平垂直校正】对话框

五十五、▱ 比拼行走

1. 功能

一片纸样的边线在另一片纸样边线上行走时，可调整内部线对接是否圆顺，也可以加剪口。

2. 操作

（1）如图2-199（a）、（b）所示，用该工具依次单击点 *B*、点 *A*，"纸样二"拼在"纸样一"上，并弹出【行走比拼】对话框。

（2）继续单击纸样边线，"纸样二"就在"纸样一"上行走，此时可以打剪口，也可以调整辅助线。

（3）最后单击鼠标右键完成操作。

3. 说明

（1）如果比拼的两条线为同边情况，如图2-200所示，线 *AB*、线 *CD* 比拼时纸样间为重叠，操作前按住【Ctrl】键。

（2）在比拼中，按【Shift】键，分别单击控制点或剪口可重新开始比拼。

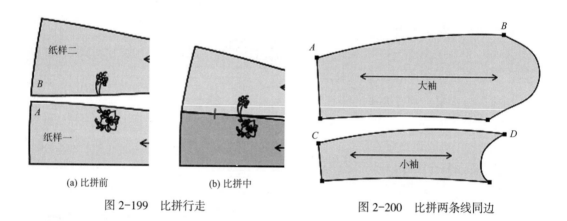

(a) 比拼前　　　　　　(b) 比拼中

图2-199　比拼行走　　　　　　　图2-200　比拼两条线同边

图2-201　【行走比拼】对话框

4.【行走比拼】对话框参数说明

行走比拼对话框如图2-201所示。

（1）【固定纸样】、【行走纸样】后的数据框指加等长剪口时起始点的长度。

（2）【固定纸样】、【行走纸样】后的偏移数据框指加剪口时加的容量。

（3）【翻转纸样】：比拼时，勾选行走纸样翻转一次，去掉勾选行走纸样再翻转一次。

（4）【自动跳过容拔位：范围】：勾选，后面的数据框激活，当对到两剪口时，在显示的范围内两剪口能自动对上位。

（5）【比拼结束后回到初始位置】：勾选，比拼结束后行走纸样回到比拼前的位置，反之，行走纸样处于结束前的位置。

五十六、⑤⑤曲线替换

1．功能

结构线上的线与纸样边线间互换。

2．操作

（1）如图 2-202 所示，单击或框选线的一端，线 AB 就被选中（如果选择的是多条线，第一条线须用框选，最后单击右键）。

（2）单击右键选中线可在水平方向、垂直方向翻转线 AB，生成线 $A'B'$。

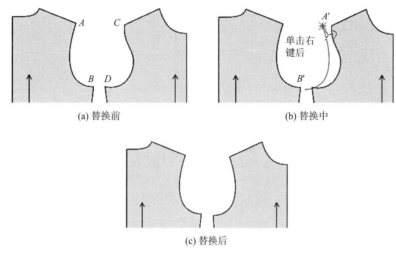

(a) 替换前　　　　　　　　　　　(b) 替换中

(c) 替换后

图 2-202　纸样边线替换

（3）移动光标在目标线上，再单击左键即可。

注意：在纸样上，拖动两点也可以替换，如图 2-203 所示。

把图 2-203（a）所示纸样变成图 2-203（b），用该工具选中线 AB 后，从点 A 拖选至点 B。

把图 2-203（a）所示纸样变成图 2-203（c），用该工具选中线 AB 后，从点 B 拖选至点 A。

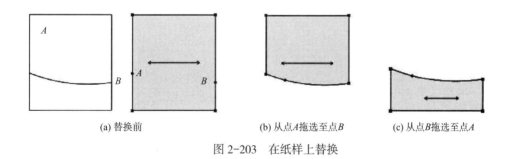

(a) 替换前　　　　　(b) 从点A拖选至点B　　　　　(c) 从点B拖选至点A

图 2-203　在纸样上替换

五十七、▤设置局部充绒

操作：

（1）选择设置局部充绒工具。

（2）单击或框选样片上分割的辅助线，输入充绒密度，点击【应用】，如图 2-204 所示。

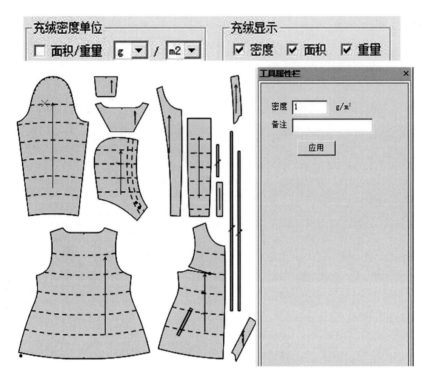

图 2-204　设置局部充绒

在【选项】—【系统设置】—【开关设置】里，可以设置密度单位，以及要输出的内容。

（3）样片上会自动显示充绒的密度、面积、重量等，如图 2-205 所示。

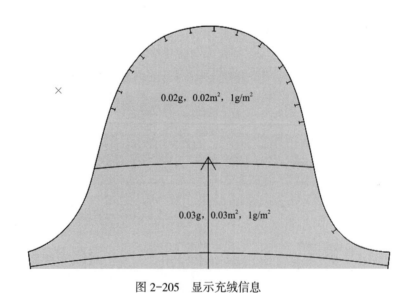

0.02g，0.02m²，1g/m²

0.03g，0.03m²，1g/m²

图 2-205　显示充绒信息

（4）【Shift】+左键点击辅助线，选择鼠标所在的充绒区域，修改密度后，相应地充绒也会自动修改，如图 2-206 所示。

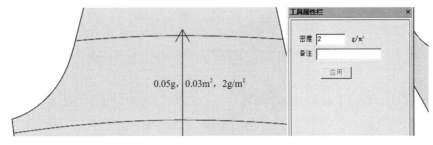

图 2-206　修改密度

（5）【Shift】+ 右键修改充绒分割线。

（6）【Ctrl】+ 左键可以移动充绒区域的文字。

（7）点击表格—计算充绒，选择需要输出的【局部充绒总量】，如图 2-207 所示，可以将结果输出到 Excel 表格。

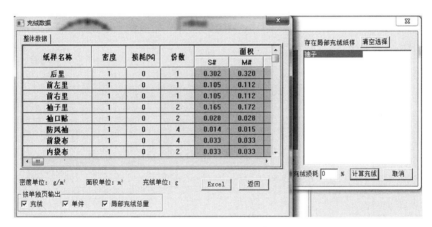

图 2-207　计算充绒

五十八、 选择纸样控制点

1. 功能

用来选中纸样、纸样的边线点、辅助线上的点、修改点的属性。

2. 操作

（1）选中纸样：用该工具在纸样单击即可，如果要同时选中多个纸样，只要框选各纸样的一个放码点即可。

（2）选中纸样边上的点：

①选单个放码点，用该工具在放码点上用左键单击或用左键框选。

②选多个放码点，用该工具在放码点上框选或按住【Ctrl】键一个点一个点单击。

③选单个非放码点，用该工具在点上用左键单击。

④选多个非放码点，按住【Ctrl】键一个点一个点单击。

⑤按住【Ctrl】键时第一次在点上单击为选中，再次单击为取消选中。

⑥同时取消选中点，按【Esc】键或用该工具在空白处单击。

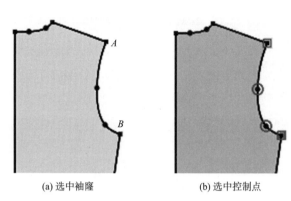

(a) 选中袖窿　　　(b) 选中控制点

图 2-208　选择纸样控制点

⑦选中一片纸样上的相邻点，如图 2-208（a）所示选袖窿，用该工具在点 A 上按下鼠标左键拖至点 B 再松手，图 2-208（b）所示为选中状态。

（3）辅助线上的放码点与边线上的放码点重合时：

①用该工具在重合点上单击，选中的为边线点。

②在重合点上框选，边线放码点与辅助线放码点全部选中。

③按住【Shift】键，在重合位置单击或框选，选中的是辅助线放码点。

（4）修改点的属性：在需要修改的点上点击，在点放码表的工具栏里选择点的属性，如图 2-209 所示，修改后单击【采用】即可。如果选中的是多个点，按回车即可弹出对话框。

注意：用该工具在点上击右键，则该点在放码点与非放码点间切换；如果只在转折点与曲线点之间切换，可用【Shift】+ 右键。

图 2-209　点放码表

五十九、拷贝点放码量

1. 功能

拷贝放码点、剪口点、交叉点的放码量到其他的放码点上。

2. 操作

（1）情况一：单个放码点的拷贝，如图 2-210 所示。用该工具在有放码量的点上单击（如果要框选，框选完右键结束），再在未放码的放码点上单击（如要框选，按右键结束）。

（2）情况二：多个放码点的拷贝，如图 2-211 所示。用该工具在放了码的纸样上框选或拖选，再在未放码的纸样上框选或拖选。

（3）情况三：只拷贝其中一个方向或反方向，在对话框中选择即可，如图 2-212 所示。

（4）情况四：把相同的放码量，连续拷贝多个放码点上，选择【粘贴多次】，用该工具在放了码的纸样上点击或框选或拖选，再在未放码的纸样上点击或框选或拖选。

注意：框选完一定注意点击右键结束。

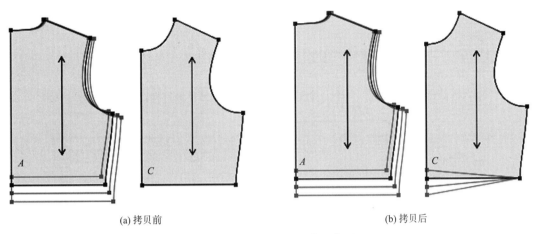

(a) 拷贝前   (b) 拷贝后

图 2-210 单个放码点的拷贝

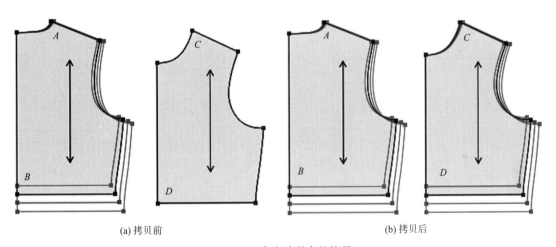

(a) 拷贝前   (b) 拷贝后

图 2-211 多个放码点的拷贝

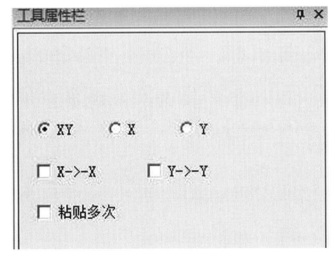

图 2-212 仅拷贝一个方向

六十、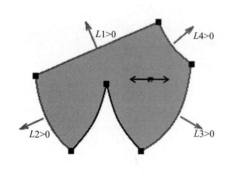平行放码

1. 功能

对纸样边线、辅助线平行放码，如图 2-213 所示。常用于文胸放码。

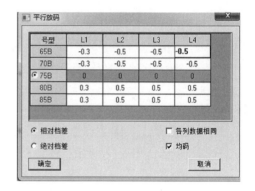

号型	L1	L2	L3	L4
65B	-0.3	-0.5	-0.5	**-0.5**
70B	-0.3	-0.5	-0.5	-0.5
75B	0	0	0	0
80B	0.3	0.5	0.5	0.5
85B	0.3	0.5	0.5	0.5

○ 相对档差 　　□ 各列数据相同
○ 绝对档差 　　☑ 均码

确定 　　取消

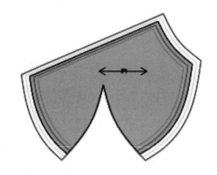

图 2-213　平行放码

2. 操作

（1）用该工具单击或框选需要平行放码的线段，单击右键，弹出【平行放码】对话框。

（2）输入各线各码平行线间的距离，【确定】即可。

3.【平行放码】对话框参数说明

（1）平行放码指的是放码后的线段（边线，辅助线）与基码的形状相似，距离为给定值。

（2）【均码】：指各码之间的距离相同。

（3）【各列数据相同】：选中此选项后表格中每一列的数据相同。

（4）【相对档差】与【绝对档差】：由于基码保持不动，认为距离是 0，每一个码与基码之间都有各自的偏移距离。

①将这些距离看作是一种档差。相对档差是相对于相邻码的差值，绝对档差是相对于基码的差值；距离有正负之分，在纸样上用箭头做标识。>0 表示沿着箭头的方向偏移，反之为另一个偏移方向。

②如果输入 0 表示该号型上的形状与基码相同。

③对于没有被选中的线段，相邻线平行放码时在当前形状的基础上进行截取或延长。

六十一、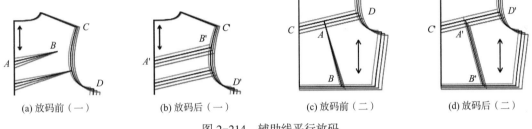辅助线平行放码

1. 功能

针对纸样内部线放码，用该工具后，内部线各码间会平行且与边线相交。

2. 操作

（1）用该工具单击或框选辅助线（线 *AB*）。

（2）再单击靠近移动端的线（线 *CD*），如图 2-214（a）到图 2-214（b）、图 2-214（c）到图 2-214（d）的变化。

(a) 放码前（一）　　　　(b) 放码后（一）　　　　(c) 放码前（二）　　　　(d) 放码后（二）

图 2-214　辅助线平行放码

六十二、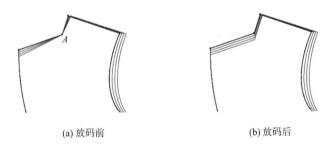平行交点

1. 功能

用于纸样边线的放码，用该工具后与其相交的两边分别平行。常用于西服领口的放码。

2. 操作

如图 2-215（a）到图 2-215（b）的变化，用该工具单击点 *A* 即可。

(a) 放码前　　　　　　　　　(b) 放码后

图 2-215　领口放码

六十三、肩斜线放码

1. 功能

使各码不平行肩斜线平行。

2. 操作

（1）肩点没放码，按照肩宽实际值放码实现。

①用该工具分别单击后中线的两点（点 *A*、点 *C*）。

②再单击肩点（点 *B*），弹出【肩斜线放码】对话框，输入合适的数值，选择恰当的选项，【确定】即可，如图 2-216 所示。

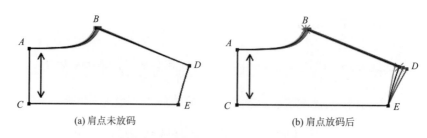

(a) 肩点未放码　　　　　　　　　(b) 肩点放码后

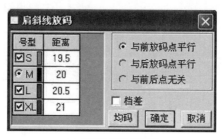

(c) 肩斜线放码对话框

图 2-216　肩点未放码

（2）肩点放过码的操作。

①单击布纹线，也可以分别单击后中线上的两点（点 A、点 C）。

②再单击肩点（点 D），弹出【肩斜线放码】对话框，选择【与前放码点平行】，【确定】即可，如图 2-217 所示。

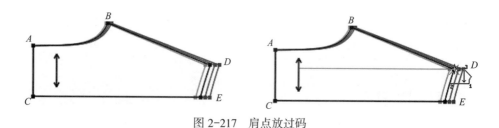

图 2-217　肩点放过码

3.【肩斜线放码】参数说明

肩斜线放码对话框，如图 2-218 所示。

（1）【距离】：指肩点到参考线的距离。

（2）【与前放码点平行】：指选中点前面的一个放码点。

（3）【与后放码点平行】：指选中点后面的一个放码点。

（4）【档差】：勾选为相邻码间的档差值，不勾选，输入的数据为指定点到参考线的距离。

图 2-218　【肩斜线放码】对话框

（5）勾选【档差】，无论在哪个码中输入档差量，再点击 均码 ，各码以光标所在码数据均等跳码。

（6）未勾选【档差】，在基码之外码中输入数值，再点击 均码 ，各码以该号型与基码所得差再"均等跳码"。

六十四、⌇辅助线放码

1. 功能

相交在纸样边线上的辅助线端点按照到边线指定点的长度来放码，如图2-219所示，点 A 至点 B 的曲线长。

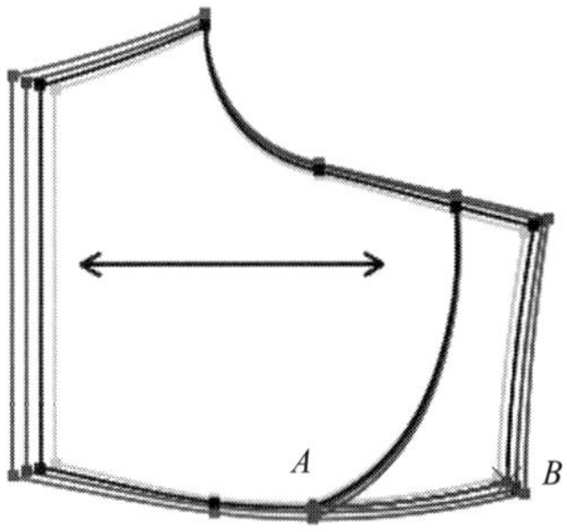

2. 操作

（1）用该工具在辅助线点 A 上双击，弹出【辅助线点放码】对话框。

（2）在对话框中输入合适的数据，选择恰当的选项。

（3）点击【应用】即可。

3.【辅助线点放码】对话框参数说明

辅助线点放码对话框，如图2-220所示。

（1）【长度】：指选中点至参照点的曲线长度。

（2）【定位方式】：有两种定位方式。更改定位点，单击该按钮后，光标变成⁺☀，此时可单击目标点。

（3）【档差】：勾选为相邻码间的档差值，不勾选，输入的数据为指定点到参考线的距离。

（4）各码相等 在任意号型输入数据，再单击该按钮，所有号型以该号型的数据相等放码。

（5）勾选【档差】，无论在哪个码中输入档差量，再点击 均码 ，各码以光标所在码数据均等跳码。

（6）未勾选【档差】，在基码之外码中输入数值，再点击 均码 ，各码以该号型与基码所得差再"均等跳码"。

图2-219　辅助线放码

图2-220　【辅助线点放码】对话框

六十五、⁚⁚点随线段放码

1. 功能

根据两点的放码比例对指定点放码。

2. 操作

（1）如图2-221所示，线段 EF 上的点 F 根据衣长 AB 比例放码。用该工具分别单击点 A、点 B，再单击或框选点 F 即可。

（2）根据点 D 到线 AB 的放码比例来放点 C。用该工具单击点 D，再单击线 AB；再单击或框选点 C。

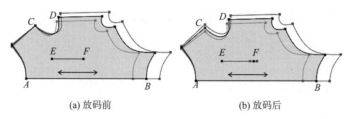

(a) 放码前　　　　　　　　(b) 放码后

图 2-221　指定点放码

（3）多个纸样放码操作（图 2-222）。

①用该工具分别单击多条需要放码的线。

②框选每个纸样上需要放码的点，在对话框中输入放码量，生成放码纸样。

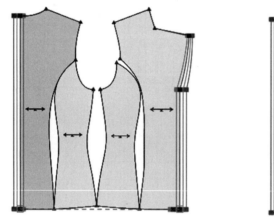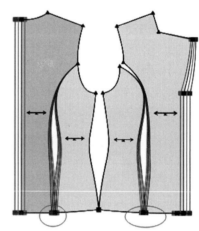

图 2-222　多个纸样放码

（4）整体放码操作。

①按【Shift】切换光标。

②用该工具分别单击点 A、点 B。

③再单击或框选需要放码的点，单击右键结束（图 2-223）。

④以口袋对原点对齐纸样可以发现口袋实际整体没有放码（图 2-224）。

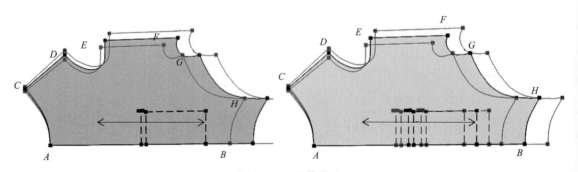

图 2-223　整体放码

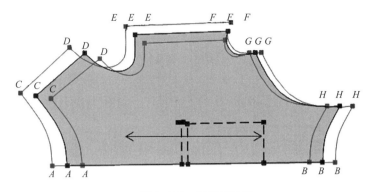

图 2-224　口袋不放码

六十六、⬚ 设定、取消辅助线随边线放码

1. 功能

（1）辅助线随边线放码。

（2）辅助线不随边线放码。

2. 操作

（1）辅助线随边线放码。

①用【Shift】键把光标切换成 ⁺⬚ 图标，辅助线随边线放码。

②用该工具框选或单击辅助线的"中部"，辅助线的两端都会随边线放码。

③如果框选或单击辅助线的一端，只有这一端会随边线放码。

注意：用该工具，辅助线随边线放码操作，再对边线点放码或修改放码量后，操作过的辅助线会随边线自动放码。

（2）辅助线不随边线放码。

①用【Shift】键把光标切换成 ⁺⬚ 图标，辅助线不随边线放码。

②用该工具框选或单击辅助线的"中部"，再对边线点放码或修改放码量后，辅助线的两端都不会随边线放码。

③如果框选或单击辅助线的一端，再对边线点放码或修改放码量后，只有这一端不会随边线放码。

特别说明：如果要对整片纸样的辅助线进行操作，可使用菜单中的"辅助线随边线自动放码"与"边线与辅助线分离"命令。

六十七、⬚ 圆弧放码

1. 功能

可对圆弧的角度、半径、弧长放码。

2. 操作

（1）用该工具单击圆弧，弹出【圆弧放码】对话框，如图 2-225 所示。

（2）输入正确的数据，点击【应用】、【关闭】即可。

图 2-225　圆弧放码

3.【圆弧放码】对话框参数说明

（1）【各码相等】：勾选，用鼠标点击放码线段，在对话框中设置"各码相等"。

（2）【档差】：勾选，表中除基码之外的数据以档差来显示，反之以实际数据来显示。

（3）【切换端点】：每点击一次，亮星点切换到弧线的另一端，亮星点表示放码不动的点。

六十八、▣比例放码

1.功能

输入整片纸样放码点水平和垂直方向的档差，即可实现对纸样边线、内部线等自动放码，常常用于床上用品的放码。

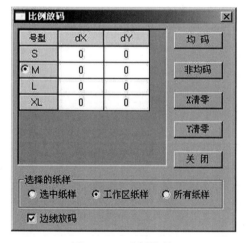

图 2-226　比例放码

2.操作

（1）在号型中设置好选择的号型。

（2）单击该图标，如果各码的档差不同，在对话框内分别输入各码档差的尺寸，选中适当的选项，按"非均码"，纸样即可按照输入档差放码。

（3）如果各码档差相同，在紧邻基码的号型中输入档差，选中适当的选项，按"均码"，纸样即可按照输入档差放码。

（4）比例放码时可以不放边线，只处理辅助线、字符串、扣位、扣眼、钻孔。勾选【边线放码】可使边线按照指定档差放码，如图 2-226 所示。

六十九、▨等角度放码

1.功能

调整角的放码量，使各码的角度相等。可用于调整后裆及领角。

2.操作

用该工具单击需要调整的角（点）即可，如图 2-227 所示为角 A 操作前、后度数的变化。

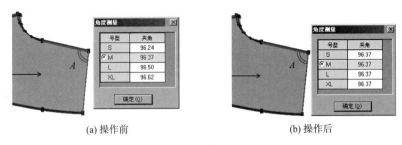

(a) 操作前　　　　　　　　　　(b) 操作后

图 2-227　等角度放码

七十、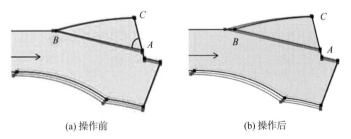等角度（调校 *X*、*Y*）

1. 功能

调整角一边的放码点，使各码角度相等，如图 2-228 所示，调整点 *B* 在 *X* 方向或 *Y* 方向的放码量，使角 *BAC* 的各码度数相同。

(a) 操作前　　　　　　　　　　(b) 操作后

图 2-228　等角度放码

2. 操作

（1）选中该工具，用【Shift】键切换调校 *X* 方向🔺图标（或调校 *Y* 方向🔺图标）。

（2）先单击可调整的放码点 *B*，再单击保证各码角度相等的点 *A*，再单击角的另一边上的放码点 *C*。

七十一、等角度边线延长

1. 功能

延长角度一边的线长，使各码角度相同。如图 2-229 所示，在 *AB* 方向上延长点 *B*，使角度 *A* 的各码度数一样。

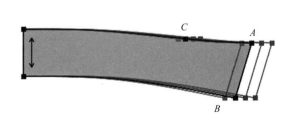

图 2-229　等角度边线延长

2. 操作

（1）用该工具分别单击点 B（移动的点）、点 A、点 C，弹出【距离】对话框。

（2）输入恰当的数值，【确定】即可。

七十二、 ✎ 旋转角度放码

1. 功能

可用于肩部位同时进行角度与长度放码，也可以对侧袋同时进行距离与长度的放码。

2. 操作

（1）角度与长度放码操作（图 2-230）。

①点击需要放码的点，再点击旋转中心点。

②输入角度及长度档差，也可单独输入其中一个角度或长度。

（2）距离与长度放码操作（图 2-231）。

①点击需要放码的点，再点击旋转中心点。

②输入距离及长度，也可单独输入距离或长度。

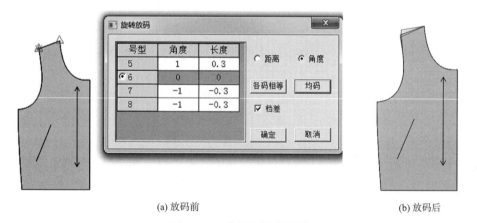

(a) 放码前   (b) 放码后

图 2-230   角度与长度放码

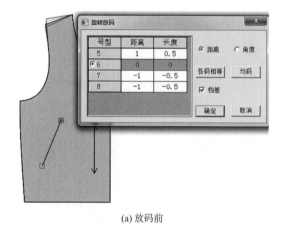 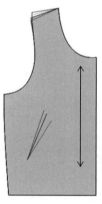

(a) 放码前   (b) 放码后

图 2-231   距离与长度放码

七十三、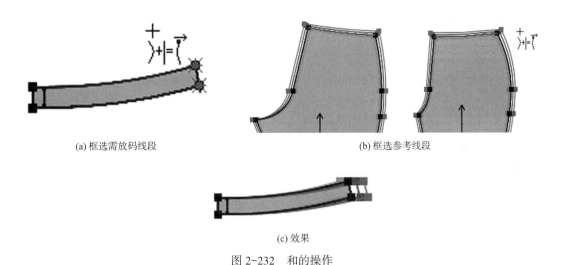对应线长

1. 功能

用多个放好码的线段之和（或差）来对单个点进行放码，例如，用前、后裤片放好的腰线来对腰头进行放码。

2. 操作

（1）和的操作。

①选中该工具，用【Shift】键可以在 X 方向放码与 Y 方向放码间切换。

②分别点选或框选需要放码的线段，星点为需要放码的点，单击右键，如图 2-232（a）所示。

③分别点选或框选参考的线段，单击鼠标右键（如果两条以上，再单击右键），如图 2-232（b）所示。

④图 2-232（c）为最后的效果。

(a) 框选需放码线段　　　　　　　　　　　　　　(b) 框选参考线段

(c) 效果

图 2-232　和的操作

（2）差的操作。

①选中该工具，用【Shift】键可以在 X 方向放码与 Y 方向放码间切换。

②分别点选或框选需要放码的线段，星点为需要放码的点，单击鼠标右键，如图 2-233（a）所示。

③分别点选或框选参考的需要加的线段，点击鼠标右键，再点击需要减的线段，点击鼠标右键，如图 2-233（b）、（c）所示。

七十四、合并曲线放码

1. 功能

主要用于纸样分割后各号型裁片在曲线分割处的连接顺滑。

2. 操作

用一片分割后的前衣片举例：

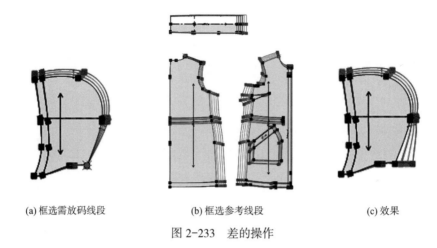

(a) 框选需放码线段   (b) 框选参考线段   (c) 效果

图 2-233　差的操作

（1）首先把分割后的纸样，一条线段中的上一个点（点 B）以及下一个点（点 C）进行放码，如图 2-234 所示。

（2）按顺序点击需要合并的线段（BA 和 $A'C$），单击右键结束，如图 2-235 所示。

（3）框选点 A、点 A'，输入放码量。接下来单击需要合并的线段，按顺序选中之后，右键结束，如图 2-236 所示。

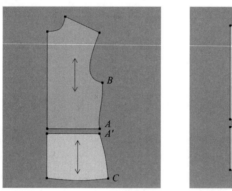

图 2-234　选中放码点

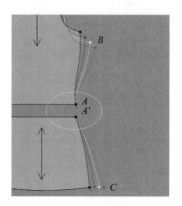

图 2-235　合并线段

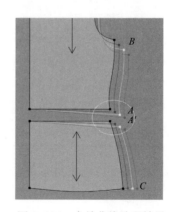

图 2-236　合并曲线放码效果

第五节 隐藏工具栏

富怡 CAD 系统隐藏工具栏，如图 2-237 所示。

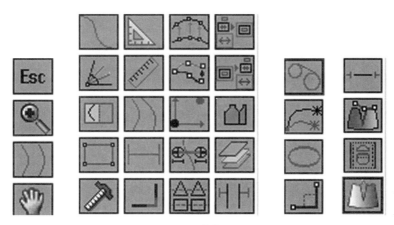

图 2-237 隐藏工具栏

一、🔍放大（快捷键空格键）

1. 功能

用于放大或全屏显示工作区。

2. 操作

用该工具单击要放大区域的外缘，拖动鼠标形成一个矩形框，把要放大的部分框在矩形内，再单击即可放大；全屏显示：在工作区单击右键。

注意：在使用任何工具时，按下空格键（不弹起）可以转换成放大工具，此时向前滚动鼠标滑轮为以光标所在位置为中心放大显示，向后滚动鼠标滑轮为以光标所在位置为中心缩小显示。

二、▨等距相交平行线

1. 功能

用于画一条线的等距线。

2. 操作

（1）用该工具在一条线上单击，再点击与其相交的边线，拖动光标再单击，弹出【平行线】对话框。

（2）输入数值，单击【确定】即可。

三、✋移动纸样（快捷键空格键）

1. 功能

将纸样从一个位置移至另一个位置，或将两个纸样按照一点对应重合。

2．操作

（1）移动纸样。

（2）用该工具在纸样上单击，拖动鼠标至适当的位置，再单击即可。

（3）将两个纸样按照一点对应重合。

（4）用该工具，单击纸样上的一点，拖动鼠标到另一个纸样的点上，当该点处于选中状态时再次单击即可。

注意：在选中任意工具时，把光标放在纸样上，按一下空格键，即可变成移动纸样光标，拖动到适当的位置后再次单击即可。用🔲选择纸样控制点工具选中多个纸样，按一下空格键，即可变成移动纸样光标，拖动到适当的位置后再次单击即可。

四、▨开口曲线

1．功能

画自由曲线或直线。

2．操作

（1）画直线：用左键单击两点后，单击右键弹出【长度和角度】对话框，输入长度、角度即可。

（2）两点间连线：用左键在两点上分别单击后，单击右键即可。

（3）画曲线：用左键最少确定三个点后单击右键。

五、▨角平分线

1．功能

对角进行等分。在结构线和纸样都能进行操作。

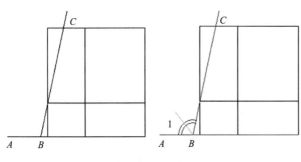

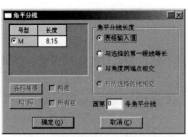

图2-238 【角平分线】对话框

2．操作

（1）框选或者点选两条相交的线。

（2）在快捷工具栏中"等份框"输入等份数，拖动光标单击，会弹出【角平分线】对话框，如图2-238所示。

（3）输入角平分线长度，选择合适的选项，【确定】即可。

3．【角平分线】对话框说明

（1）【表格输入值】：表示角平分线的长度按照表格中输入的数据处理。

（2）【与选择的第一根线等长】：在点选时第一次选择的线段长度，框选择两条线中任意线段长度作为角平分线长度。

（3）【与角度两端点相交】：角平分

线的终点会落在线段两端点的连线上。

（4）【与所选择线相交】：角平分线的终点在选择的线段上（只有在点击左键选中线段时才能使用）。

（5）【画第 0 条角平分线】：如果有多条角平分线时，可以只画出某一条。

六、◀ 设置图元是否对称显示

1. **功能**

设置对称后纸样里的图元是否两边都显示。

2. **操作**

（1）点击内部图元，辅助线、钻孔、扣眼、剪口等，可以使其一面显示，如图 2-239 所示。

图 2-239　一面显示

（2）点击单面显示的图元辅助线、钻孔、扣眼、剪口等，可使其对称的两边同时显示，如图 2-240 所示。

图 2-240　两边同时显示

七、▦ 矩形

1. **功能**

在工作区画矩形。

2. **操作**

在工作区框选，输入数值。

八、 丁字尺

1. 功能

画水平线、垂直线或 45° 角线。

2. 操作

点击两点，输入数据。

九、 三角板

1. 功能

用于作任意直线的垂直线或平行线（延长线）。

2. 操作

（1）用该工具分别单击线的两端。

（2）再点击另外一点，拖动鼠标，作选中线的平行线或垂直线，如图 2-241 所示。

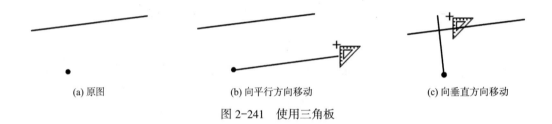

(a) 原图 (b) 向平行方向移动 (c) 向垂直方向移动

图 2-241　使用三角板

十、 直尺

1. 功能

画任意角度的斜线。

2. 操作

点击两点，分别输入长度及角度。

十一、 不等距相交直线

1. 功能

用于画一条线的不等距相交直线。

2. 操作

（1）用该工具在线 a 上单击，拖动光标再单击线 b、线 c，弹出【不等距平行线】对话框，如图 2-242 所示。

（2）输入数值，单击【确定】即可。

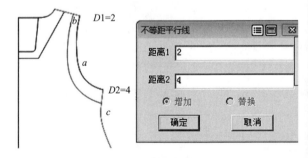

图 2-242　不等距相交直线

十二、 靠边（快捷键【T】）

1. 功能

有单向靠边与双向靠边两种情况。单向靠边，同时将多条线靠在一条目标线上；双向靠边，同时将多条线的两端同时靠在两条目标线上。

2. **操作**

（1）单向靠边：用该工具单击或框选线 a、线 b、线 c 后单击右键，再单击目标线 d，移动光标在适当的位置单击右键，如图 2-243 所示。

（2）双向靠边：用该工具单击或框选线 a、线 b、线 c 后单击右键，再单击目标线 d 和线 e 即可，如图 2-244 所示。

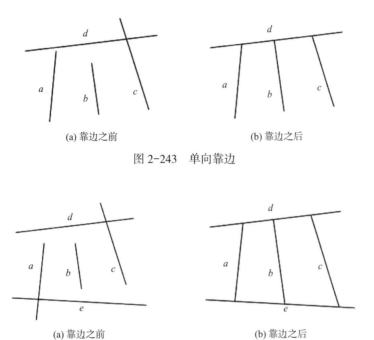

| (a) 靠边之前 | (b) 靠边之后 |

图 2-243　单向靠边

图 2-244　双向靠边

十三、⬜连角（快捷键【V】）

1. **功能**

用于将线段延长至相交并删除交点外非选中部分，如图 2-245 所示。

2. **操作**

（1）选中该工具，用左键分别单击两条线。

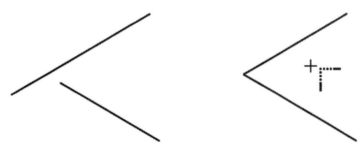

图 2-245　连角

（2）移动光标线的颜色有变化，变了颜色的线为保留的线。

（3）单击左键或右键即可。

十四、██平行调整

1. 功能

平行调整一段线或多段线，如图 2-246 所示。

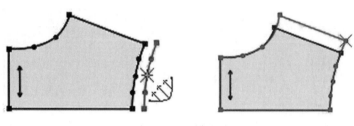

图 2-246　平行调整

2. 操作

（1）单击一个点或拖选多个点，移动到空白处单击，弹出【平行调整】对话框，输入调整量，【确定】即可。

（2）拖动时，如果移动到关键点上，则不弹出对话框。

（3）拖动时，按住【Shift】键可在水平方向、垂直方向、45° 方向上调整。

十五、██比例调整

1. 功能

按比例调整一段线或多段线。按【Shift】键，光标在 ⁺◿ 图标与 ⁺◿ 图标间切换，如图 2-247 所示。

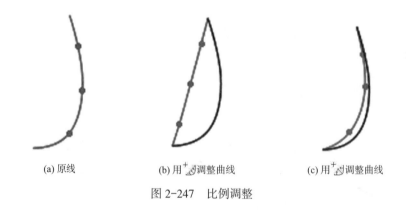

(a) 原线　　　　(b) 用 ⁺◿ 调整曲线　　　　(c) 用 ⁺◿ 调整曲线

图 2-247　比例调整

2. 操作

（1）选中工具切换成适当的图标，单击曲线上的一点并拖动（或拖选一组控制点，单击一个关键点拖动），在空白处单击，弹出【比例调整】对话框，输入调整量，【确定】即可。

（2）拖动时，如果移动到关键点上，则不弹出对话框。

（3）拖动时，按住【Shift】键可在水平方向、垂直方向、45°方向上调整。

十六、 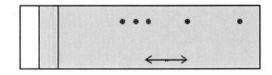 偏移点

1. 功能

做一参考点的偏移点。

2. 操作

在参考点上点击，拖动鼠标点击，输入偏移尺寸。

十七、 拆分（钻孔、扣眼）

1. 功能

用于拆分有关联的钻孔组、扣眼组。对拆分后的钻孔（扣眼）放码时，钻孔（扣眼）间不再关联，可以各放各的码。

2. 操作

用该工具在钻孔单击即可把钻孔（扣眼）拆分，如图2-248所示。

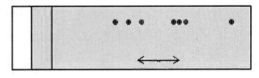

(a) 对拆分后的钻孔放码　　　　　　(b) 对没拆分的钻孔放码

图2-248　钻孔放码

十八、 自定义曲线

1. 功能

（1）保存自定义曲线。

（2）用于修改"自定义曲线"的属性（高度、间距），如星形曲线、三角曲线。

2. 操作

（1）保存自定义曲线。

①先画好要保存的线型及控制线型位置的点（这个点一定要指定一下），如图2-249所示。

②用该工具左键单击或框选心形线后单击右键，再用左键单击点，会弹出【另存为】对话框，如图2-250所示。

③输入文件名后单击【保存】即可。

（2）定位点位置不同所做出的线型位置也不同，如图2-251所示。

图2-249　自定义曲线

注意：如果要打开保存的曲线类型，单击快捷工具栏"线类型"下拉菜单的"自定义"。

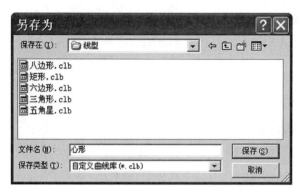

图 2-250 【另存为】对话框

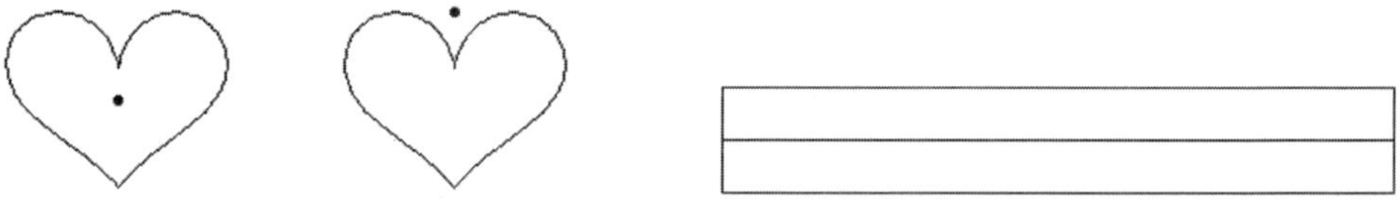

(a) 心形图（一）　　　　(b) 心形图（二）　　　　　　　　　　　(c) 线型

(d) 图(a)线型在图(c)上改的线型效果　　　　　　　(e) 图(b)线型在图(c)上改的线型效果

图 2-251　定义点位置

（3）修改自定义曲线属性。

①用该工具单击自定义曲线，弹出【自定义曲线】对话框，如图 2-252 所示。

②在【高度】、【间距】输入恰当的值，【确定】即可。

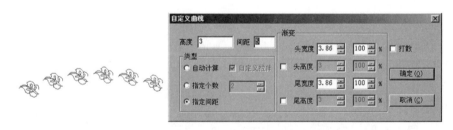

图 2-252 【自定义曲线】对话框

3.【自定义曲线】对话框参数说明

（1）【高度】：指图形的最高高度。

（2）【间距】：指未勾选"自定义拉伸"时，相邻图形间最小距离。

（3）【自定义拉伸】：图 2-253 中的直线为等长的线，直线只是想表明勾选或未勾选自定义拉伸的情况。线 a 为勾选此选项的情况，线 b 为未勾选此选项的情况。

（4）【渐变】：自定义曲线从线的起点到终点可以是由大到小，也可由小到大。

（5）【打散】：如果未勾选，设计的曲线是个整体，调整或放码时是整体进行的。

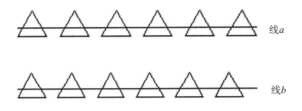

图2-253　自定义拉伸

十九、 按号型合并纸样

1. 功能

把多个单码纸样重叠形成网样。例如，放好码的单个纸样读入软件后，用该功能可合并形成网样。

2. 操作

（1）选择此工具（图2-254），工具栏会出现相应的内容。

（2）如选择所有号型，这时放了码的纸样就按从大到小的顺序排列显示，如图2-255所示。

（3）在相应的码上点击，可以分出相应的码（图2-256）。

图2-254　【号型】对话框

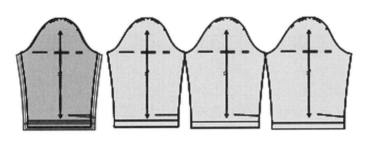

图2-255　顺序排列显示

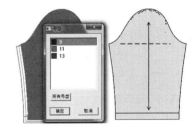

图2-256　区分码

二十、 对称复制纸样局部

1. 功能

对称复制衣片纸样。

2. 操作

对称复制门襟。如图2-257（a）所示，用该工具单击中心线a或中心线上的两端点，再单击需要对称的线b。

如图2-257（b）所示是对称复制的结果。

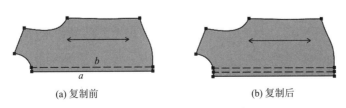

(a) 复制前　　　　　　　　　　(b) 复制后

图2-257　对称复制纸样局部

二十一、设置图元所属图层

1. 功能

单独设置显示或隐藏每一个层的线条颜色和线型，结构线太多的时候，可设置部分隐藏，只用于结构线。

2. 分层的具体操作

（1）点击选项菜单【层设置】，会出现【层设置】对话框，如图2-258所示。

（2）多个【层设置】对话框（图2-259）。

图2-258 【层设置】对话框

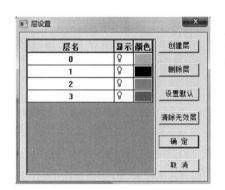

图2-259 多个【层设置】对话框

①点击创建层，可以增加多个层，在层名里可以输入所需的名字。

②点击层名后面的颜色可以修改颜色。

③点击显示，当图标为 💡 时，显示相应的层，当图标为 💡 时，隐藏相应的层。

④点击相应的层名，选择删除层或清除无效层，可以进行删除或清除无效层。

（3）将已有线设置到相应层。

①点选项【层设置】，创建新层，如图2-260所示。

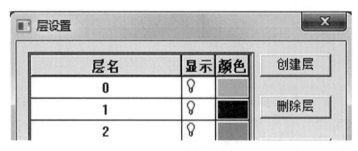

图2-260 创建新层

②点击选项【系统设置】、【工具设置】，将层【设置工具】添加到【右键工具】。右键选择层设置工具 ，如图2-261所示。

③用层设置工具 选择需要的线（线 a、线 b），点击右键，选择层，将线放到相应的图层上，如图2-262所示。

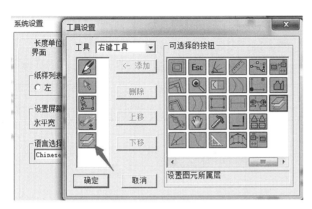

图 2-261 【工具设置】对话框

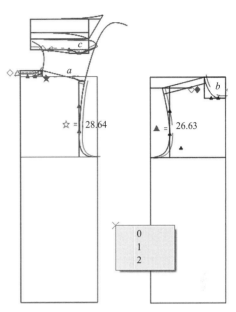

图 2-262 将已有线放在图层上

二十二、▥对剪口

1. 功能

用于两组线间打剪口，并可加入容位。

2. 操作

（1）如图 2-263 所示，用该工具在靠近点 A 的位置单击或框选点 A、点 B 后，单击右键。

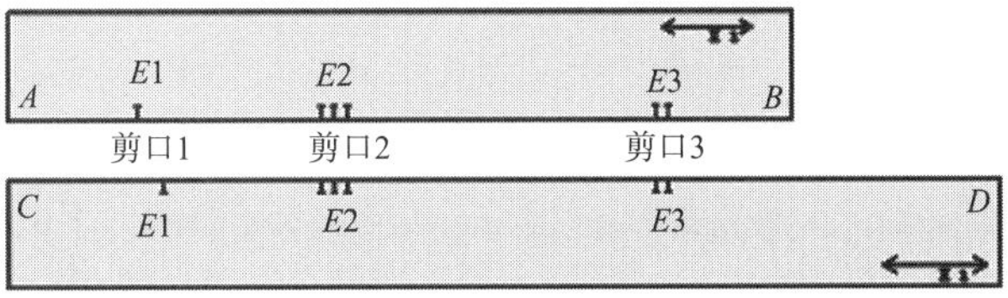

图 2-263　对剪口

（2）在靠近点 C 的位置单击或框选点 C、点 D 后，单击右键，弹出【对剪口】对话框，如图 2-264 所示。

（3）输入恰当的数据，单击【确定】即可。

3.【对剪口】对话框参数说明

（1）【第一组长度】：指单击右键前选中的线段长度。

（2）【第二组长度】：指单击右键后选中的线段长度。

图 2-264 【对剪口】对话框

（3）【长度差】：两组线的长度差。

（4）【剪口1】：剪口1中的数值"10"为线段 *AE*1 的长度；线段 *CE*1 的长度为剪口1中的数值10与剪口1后的容位数值2的和为"12"。【剪口2】：剪口2中的数值25为线段 *AE*2 的长度；线段 *CE*2 的长度为剪口2中的数值25与剪口2后的容位数值0的和为"25"。【剪口3】：剪口3中的数值"50"为线段 *AE*3 的长度；线段 *CE*3 的长度为剪口3中的数值50与剪口3后的容位数值0的和为"50"。

（5）【各码相等】、【均码】、【档差】：参照褶对话框说明。

（6）【剪口数目】：选择1时，只能打一组剪口；选择2时，可同时打两组剪口；选择3时，可同时打三组剪口。

（7）【参考终点】：【剪口1】、【剪口2】、【剪口3】前没有勾选时，表格中的剪口以选线的起始端定位，勾选则以终点来定位。

（8）【剪口个数及间距】：每一组剪口可设置不同的剪口数及间距。

二十三、 两圆或圆弧的切线

1. 功能

作点到圆或两圆之间的切线。可在结构线上操作，也可以在纸样的辅助线上操作。

2. 操作

（1）单击点或圆。

（2）单击另一个圆，即可作出点到圆或两个圆之间的切线。

二十四、 曲线拉伸

1. 功能

将曲线或直线自由拉伸到某个部位。

2. 操作

（1）框选或点选线，线的一端即可自由移动（目标点必须是可见点），如图2-265所示。

（2）移动点说明。在框选线或点选线的情况下，距离框选或点选较近的一端点为修改点（有亮星显示）。如果调整一个纸样上的两段线，拖选两线段的首尾端，第一个选中的点为修改点（有亮星显示）。

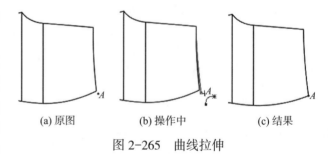

(a) 原图　　　　(b) 操作中　　　　(c) 结果

图 2-265　曲线拉伸

二十五、 椭圆

1. 功能

在草图或纸样上画椭圆形。

2. 操作

（1）用该工具在工作区单击拖动再单击，弹出对话框（图2-266）。

（2）输入恰当的数值，单击【确定】即可。

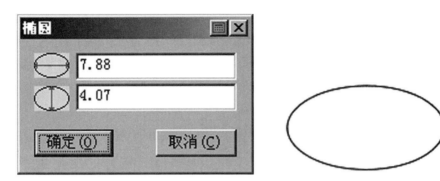

图2-266　【椭圆】对话框

二十六、水平垂直线

1. 功能

在关键的两点（包括两线交点或线的端点）上连一条直角线（图2-267）。

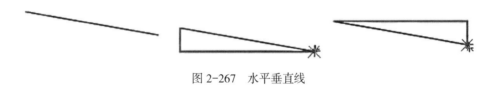

图2-267　水平垂直线

2. 操作

用该工具先单击一点，再单击右键来切换水平线、垂直线的位置，最后单击另一点。

二十七、辅助线剪口

1. 功能

在辅助线指向边线上加剪口，调整辅助线端点方向时，剪口的位置随之调整。

2. 操作

（1）用该工具单击或框选辅助线的一端，只在靠近这端的边线上加剪口。

（2）如果框选辅助线的中间段，则两端同时加剪口，如图2-268所示。

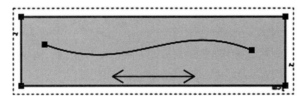

图2-268　辅助线剪口

（3）用该工具在辅助线剪口上击右键可更改剪口属性。

注意：用该工具在有缝份的纸样上加的剪口，剪口只在缝份线上显示。

二十八、省褶合起调整

1. 功能

把纸样上的省、褶合并起来调整。只适用于纸样。

2. 操作

（1）如图2-269（a）、（b）所示，用该工具依次点击省1、省2后单击右键。

（2）如图2-269（c）所示，单击中心线，用该工具调整省合并后的腰线，满意后单击右键。

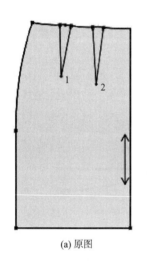 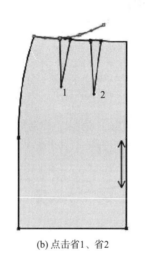 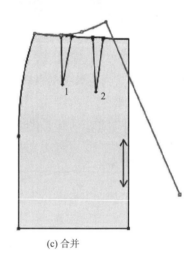

(a) 原图　　　　　　　　(b) 点击省1、省2　　　　　　(c) 合并

图2-269　省褶合起调整

二十九、部件库

1. 功能

将一个款式中的部件调入另外一个款式中，不需要重复制作。

2. 保存部件库

（1）操作。

①选择曲线或者纸样，单击右键结束。

②在对话框中填入数据，确定。

（2）选择内容的说明。

①部件可以是领子、袖子或者其他部位，只需要选择那些与部件有关的线条、纸样，无关的元素不选取。

②未被选择的曲线、纸样将不会出现在部件库中。

（3）对话框各项功能说明（图2-270、表2-6）。

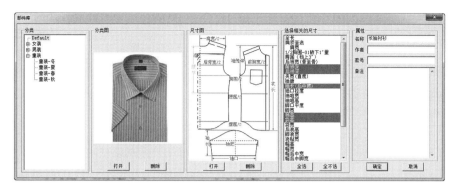

图 2-270 【部件库】对话框

表2-6　对话框功能说明

项目	对话框功能说明
分类	（1）部件应该属于某一款服装分类，例如男装、女装、童装等，可以有子分类 （2）在任何一款服装分类上，都可以单击右键弹出菜单，执行插入、删除、重命名 （3）Default 是富怡软件提供的默认部件库，官方提供的部件将会出现在这里 （4）Default 不能通过右键菜单删除或者重命名，其他的分类都可以 （5）每一款服装分类的名称，都是文件夹的名称，它们全都位于 UnitLib 文件夹里面 （6）插入服装分类时，软件将使用该名称建立文件夹，该名称禁止存在非法字符 （7）删除服装分类时，如果该分类中不存在任何部件库，那么直接删除，否则，弹出对话框确认是否删除 （8）删除后的部件库位于回收站，如误删，可自行恢复
分类图	（1）这是一张图片，用来表示该部件的实际效果 （2）载入部件库时，该图片将会出现在列表框中 （3）这张图可以做得小一点，因为在列表框中将会缩小到 80 像素 ×80 像素显示
尺寸图	（1）表示部件各部位的尺寸名称和位置的图片 （2）这张图可以做得大一点，图片里的内容可能很多 （3）显示的纵横比是 3∶2，将图片做成这个比例，在显示时比较好看
选择相关 的尺寸	（1）该列表框中显示文件中的全部尺寸 （2）选择与当前部件有关的尺寸即可，无关的尺寸不建议选择，避免文件过大
属性	（1）【名称】是部件库的名称，同时也是部件库文件的文件名，它禁止包含 "? * /<> : " l"等字符，如果该名称存在非法字符，将会弹出提示 （2）【作者】【款号】可选项，可以不填写 （3）【备注】该段文字可以有多行，可以不填写

3．载入部件库

（1）操作。

①单击【文件】—【部件库】。

②在弹出的对话框选择部件（可以选择多个部件），点击【下一步】。

③单击每一个部件，选择尺寸的处理方式，点击【确定】。

④每一个部件都显示在工作区，以颜色区分，并在左上角显示部件名称，拖动位置，单击右键结束。

（2）界面（对话框1）各项功能说明（图 2-271、表 2-7）。

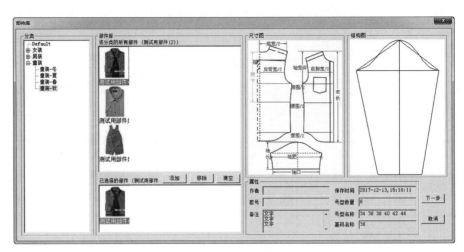

图 2-271　对话框 1

表2-7　对话框1

项目	界面（对话框1）
分类	（1）在该窗口选择分类，选择之后，该分类中的全部部件将会显示在右侧 （2）对话框将会默认选中上次的分类 （3）此时显示的分类不提供右键菜单，只能进行选择操作
部件库 【该分类的所有部位】	（1）显示全部的部件，如果生成部件库时，指定分类图，那么将其显示出来，否则显示"×" （2）单击一个部件，它的尺寸图和结构图显示在右侧（如果存在的话） （3）单击一个部件，它的名称显示在括号里，位于列表框上方。如果部件名很长，无法在列表框显示完整，可以在这里查看 （4）单击【添加】将部件选中 （5）双击部件，也可以选中
部件库 【已选择的部件】	（1）被选中的部件显示在这里 （2）可以切换分类，将不同分类下的部件选中 （3）单击一个部件，它的尺寸图和结构图将会显示在右侧（如果存在的话） （4）单击【移除】该部件取消选中 （5）双击部件，也可以移除 （6）单击【清空】没有任何部件被选中
尺寸图	（1）如果生成部件库时，指定尺寸图将显示在这里 （2）如果是旧的部件，扩展名为 fgs 或者 pds，软件将会查找同名的 bmp 文件，并将其显示（如果存在的话）
结构图	（1）生成部件时，选中曲线，纸样在屏幕上的显示效果 （2）此图自动生成，不允许指定
属性	该分类下的各项内容为只读，只能查看，不能编辑 （1）【作者】【款号】【备注】就是保存部件时的填写内容 （2）【保存时间】【号型数量】【号型名称】【基码名称】为自动生成
下一步	选择若干部件，单击【下一步】，如果没有选择任何部件，该按钮禁用

（3）界面（对话框2）各项功能说明（图2-272、表2-8）。

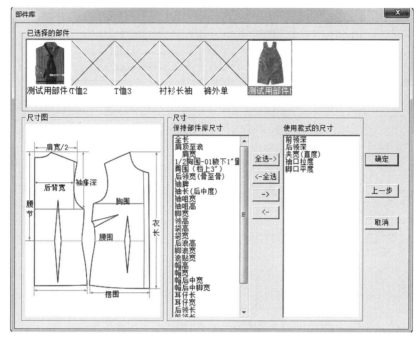

图 2-272　对话框 2

表2-8　对话框2

项目	界面（对话框 2）
尺寸	（1）【保持部件库尺寸】指的是这些尺寸必须等于部件库中的数值，如果当前款式中已经存在该名称，它将被重命名 （2）【使用款式的尺寸】指的是这些尺寸已经在当前款式存在，直接使用款式中的数值，尺寸名称不会被修改
上一步	如果已经选择的部件，并非需要，可以单击【上一步】，添加或者移除
确定	（1）单击【确定】，已经选择的部件被载入当前款式，并在工作区显示确定 （2）对于每一个部件，如果它的号型数量、基码序号与当前款式不同，软件将会自动添加或删除号型

（4）界面（工作区）（图2-273）。

①载入的部件都在工作区显示，可以放缩屏幕查看。

②使用第二、第三、第四操作色交替显示部件。

③每个部件的外侧，都使用虚线显示一个矩形，标识该部件的范围。

④在每个矩形的左上角，显示该部件的名称。

⑤抓取部件，将以第一操作色显示，单击后可以拖动位置。

⑥部件库功能结束。

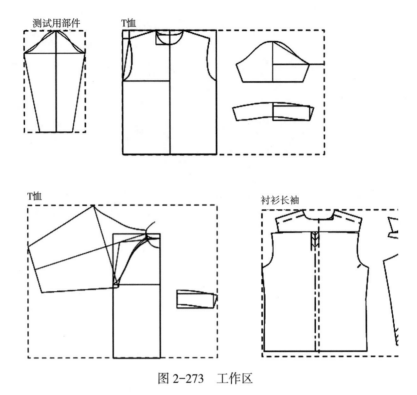

图 2-273　工作区

三十、 加省山

1. 功能

给省道上加省山。适用在结构线上操作。

2. 操作

（1）用该工具，依次单击倒向一侧的曲线或直线，如图 2-274 所示，省倒向侧缝边，先单击线 *AB*，再单击线 *BC*。

（2）再依次单击另一侧的曲线或直线，先单击线 *CD*，再单击线 *DE*，省山即可补上。

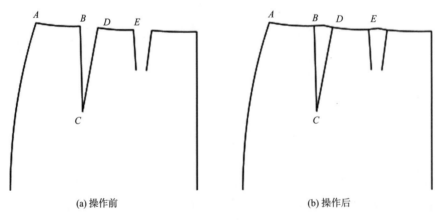

(a) 操作前　　　　　　　　　　　　　　　(b) 操作后

图 2-274　加省山

第六节　菜单栏

富怡 CAD 系统菜单栏，如图 2-275 所示。

一、另存为（【Ctrl】+【A】）

1. 功能

该命令是用于给当前文件做一个备份。

2. 操作

单击【文档】菜单，弹出【另存为】对话框，输入新的文件名或换一个不同的路径，即可另存当前文档，更详尽的内容请查阅 ▣◈【保存】的说明。

图 2-275　文档菜单

二、安全恢复

1. 功能

因断电没有来得及保存的文件，用该命令可找回来。

2. 操作

（1）打开软件。

（2）单击【文档】菜单，弹出【安全恢复】对话框，如图 2-276 所示。

（3）选择相应的文件，点击【确定】即可。

注意：要使安全恢复有效，须在【选项】菜单—【系统设置】—【自动备份】，勾选【使用自动备份】选项。

三、取消文件密码

需富怡公司专业人士取消。

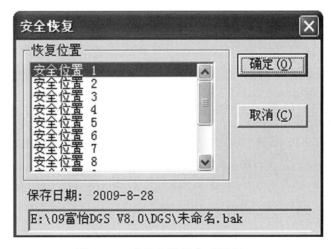

图 2-276　【安全恢复】对话框

四、打开底图

打开用数码相机或扫描仪扫描的图片，然后到 DGS 里描图。

五、打开DXF文件

1. 功能

打开其他软件转换成国际标准格式 DXF 文件。

2. 操作

点击【文档】—【打开 DXF 文件】，会出现如图 2-277 所示对话框。

3.【读 DXF】参数说明

（1）【ASTM/AAMA】：ASTM/AAMA 格式文件是国际通用格式，点击【浏览】，选择文件路径，在文件名上单击即可。读入的均为纸样，如图 2-278 所示。

（2）【以 mm 为基准放缩】：根据实际情况可选择不同的比例输入在本软件中。

（3）【读文本文字】：勾选，文件输入后原文本文字存在，否则只输入纸样。

图 2-277 【读 DXF】对话框

图 2-278 打开文件

（4）【仅读基码】：勾选，即使输入的是放码文件也只有基码，否则原文件所有号型全部输入。

（5）【识别缝份】：勾选，有缝份的文件输入后有缝份显示（缝份下方以影子的方式显示原缝份线的位置），否则文件输入后以辅助线显示。

（6）【合并纸样】：针对所有号型纸样在 DXF 文件中没有 RUL 文件的，如果选择合并，软件会将非基码合并到基码中，如果没有选择，所有码按文件数据读入，调整基码，其他码不会跟着动。

（7）【布纹线】：可选择读入后的布纹线是单向、双向、任意等。

（8）【TIPP】：用于打开日本的 *.dxf 纸样文件，TIIP 是日文文件格式。点击浏览，选择文件路径，在文件名上单击即可。读入的均为纸样。

注意：读入的字符串字体默认系统设置的 T 文字字体，如读日文文件可把 T 文字提前设置成日文字体（选项菜单—字体—T 文字字体—设置字体—MSGothic，字符集中选日文）。

（9）【AUTOCAD】：用于打开 AUTOCAD 输出的 DXF 文件，可选择打开纸样或结构线，选择文件路径，在文件名上单击即可。

六、输出 DXF 文件

1. 功能

把本软件文件转成 AAMA 或 ASTM 格式文件。

2. 操作

（1）单击【文件】菜单，弹出【输出 DXF】对话框，如图 2-279 所示。

（2）选择合适的选项，点击浏览，输入保存的文件名，单击【确定】即可。

3.【输出 DXF】对话框参数说明

（1）文件格式。

①【ASTM/AAMA】：输出标准的国际通用格式。

②【AUTOCAD】：输出 AUTOCAD 格式的 DXF 文件。

（2）输出纸样。

①可选择输出【选中纸样】、【工作区纸样】或【所有纸样】。

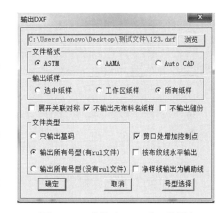

图 2-279 【输出 DXF】对话框

②【展开关联对称】：勾选该选项，关联对称纸样展开后输出，否则只输出对称纸样的一半（有对轴）。

③【不输出无布料名纸样】：勾选该选项，无布料名的纸样不输出，否则输出。

（3）文件类型。

①【只输出基码】：选择该项，即使是放码文件输出时也只对基码输出。

②【输出所有号型（有 rul 文件）】：选择该项，输出的文件除 DXF 文件外还有一个同名的 rul 文件。如果放码文件各码的扣位（钻孔）或眼位数量不同时，以基码的数量为准输出。该选项不对绗缝线、缝迹线输出。

③【输出所有号型（没有 rul 文件）】：选择该项，输出文件的所有内容都在 DXF 文件中。该选项对绗缝线、缝迹线输出。

（4）【剪口处增加控制点】：勾选该选项，输出的文件的曲线上会增加控制点。

（5）【按布纹线水平输出】：勾选该选项，输出的纸样是以布纹水平方向旋转了纸样。

（6）【净样线输出为辅助线】：输出时勾选此项，用力克软件读入时，净样线会为辅助线。

（7）选择 AUTOCAD 后，可以选择各码分开或各码重叠，也可选择输出结构线或输出纸样，如图 2-280 所示。

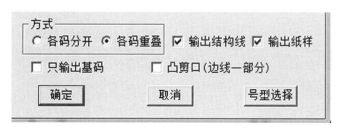

图 2-280 输出纸样

（8）【凸剪口（边线一部分）】：勾选该选项，输出纸样的内剪口变"凸剪口"，凸剪口实际也是边线的一部分。

七、保存到图库

1. 功能

该命令与 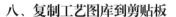【加入、调整工艺图片】工具配合制作工艺图库。

图 2-281　工艺图片

2. 操作

（1）用■【加入、调整工艺图片】工具左键框选目标线后单击右键，如图 2-281 所示。

（2）结构线被一个虚线矩形框框住。

（3）单击【文档】菜单，弹出【保存到图库】对话框，选择存储路径输入名称，单击【保存】即可。

八、复制工艺图库到剪贴板

1. 功能

该命令与■【加入、调整工艺图片】工具配合使用，将选择的结构图以图片的形式复制在剪贴板上。

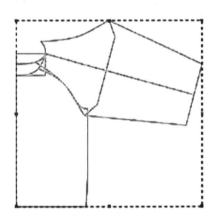

图 2-282　框选设计图

2. 操作

（1）用■【加入、调整工艺图片】工具，左键框选设计图后单击右键，如图 2-282 所示。

（2）结构图被一个虚线矩形框框住。

（3）单击【文件】菜单—【复制工艺图库到剪贴板】，此时所选的结构图被复制。

（4）打开 Office 软件，如 Excel 或 Word，采用这些软件中的粘贴命令，复制位图就粘贴在这些软件中，可以辅助写工艺单。

九、打印号型规格表

1. 功能

该命令用于打印号型规格表。

2. 操作

（1）单击【文件】菜单—【打印】—【打印号型规格表】，出现【设置】对话框，如图 2-283 所示。

（2）可选择需要的尺寸（需要的尺寸为蓝色即为选中），也可选择所有的尺寸。

（3）设置每页输出的最大号型数目，例如有 10 个号

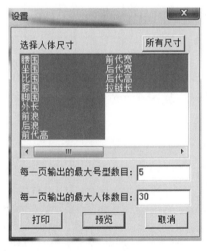

图 2-283　【设置】对话框

型，设置 5 个，那么第一页与第二页分别有 5 个号型。

（4）每页输出的最大人体数目：例如，有 40 个号型，设置 30 个，那么前 30 个人体尺寸，如胸围、腰围等在第一页显示，剩余 10 个在第二页显示。

十、打印纸样信息

1. 功能

用于打印纸样的详细资料，如纸样的名称、说明、面料、数量等。

2. 操作

单击【文档】菜单—【打印纸样信息单】，弹出【打印制板裁片单】对话框，选择适当选项，点击【打印】即可。

3.【打印制板裁片单】参数说明

【打印制板裁片单】对话框，如图 2-284 所示。

图 2-284 【打印制板裁片单】对话框

（1）【全部纸样】：该命令为对话框的默认值，按【打印】则会把该文件的所有纸样图及纸样资料逐一打印出来。

（2）【工作区纸样】：该选项只打印工作区的纸样。首先把需要打印纸样的信息放于工作区中，再选中该选项，按【打印】则会把工作区的纸样图及纸样资料打印出来，【预览】单击可弹出预览界面。

注意：如果打印的文字为乱码时，请查看【选项】菜单—【系统设置】—【界面设置】—【语言选择】，选择与使用版本相应的语言就可以了。

十一、打印总体资料单

1. 功能

用于打印所有纸样的信息资料，并集中显示在一起。

2.【总体资料】参数说明

【总体资料】对话框，如图 2-285 所示。

（1）查看不同布料，不同号型纸样总的用料面积或周长，以及部位纸样的用料面积、周长，如图 2-286 所示。【单纸样数据】勾选时，各纸样的面积、周长是以 1 份纸样计算的。不勾选时是以实际份数计算的。

图 2-285 【总体资料】对话框

图 2-286 查看面积或周长

（2）打印输出设置。

①【表单名】：指打印或导出文件的标题，表单名可以更改。

②【所有号型】：默认为选择 ☑所有号型 纸样的数据，单击去掉勾选，在其下拉列表 ■ 50 中单击选择所需号型，一次只能打印一个号型的所有纸样。

③【所有布料】：对于采用不同布料纸样，默认为全部打印 ☑所有布料 纸样资料，单击去掉勾选，可在其下拉列表中 面 选择打印哪种布料的纸样。

④【预览】：可看到所选纸样的资料列表。

⑤【Excel】：文件的总体资料导出 Excel 表格，如图 2-287 所示。

3. 操作

单击【文件】菜单—【打印】—【打印总体资料】对话框，进行相应的设置。选择预览或打印即可。

服装电脑制板总体资料单

款式:5100202　　电脑档案名:C:\Documents and Settings\Administrator\桌面\test.dgs
简述:
客户:　　　定单号:　　　纸样个数:17　　号型(码数)个数:3
布料:面　　　号型(码数):S

纸样名	数量	剪口	钻孔	净样 面积cm²	净样 周长cm	毛样 面积cm²	毛样 周长cm	说明
前上第一层	1	0	0	203.97	103.83	315.65	112.12	
后上第一层	2	0	0	92.32	43.28	142.26	52.62	
第一层袖	2	2	0	144.58	58.41	196.13	64.6	
后腰带	2	0	0	1190.32	143.51	1379.03	153.67	
裙下第一层后片	2	1	0	574.78	101.22	723.8	111.79	
前上第二层	1	0	0	179.23	71.48	253.65	81.48	
后上第二层	2	0	0	92.32	43.28	142.26	52.62	
第二层袖	2	2	0	144.58	58.41	196.13	64.6	
裙下第二层前片	1	0	0	1149.56	168.02	1330.6	175.82	
裙下第二层后片	2	1	0	574.78	101.22	689.98	109.88	

总　计:净样(面积=8309.66cm²　周长=1609.98cm)　毛样(面积=10234.93cm²　周长=1766.73cm)

图 2-287 导出 Excel

十二、打印纸样

1. **功能**

用于在打印机上打印纸样或草图。

2. **操作**

（1）把需要打印的纸样或草图显示在工作区中。

（2）单击【文件】菜单—【打印】—【打印纸样】，弹出【打印纸样】对话框，如图2-288所示。

（3）选择相应的选项，点击打印即可。

3. **【打印设置】说明**

用于设置打印机型号及纸张大小及方向。选择相应的打印机型号以及打印方向和纸张的大小，【确定】即可，如图2-289所示。

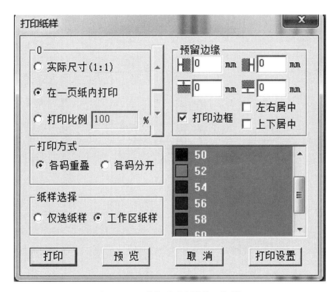

图2-288　【打印纸样】对话框

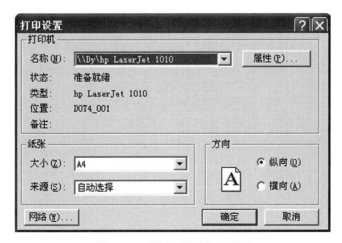

图2-289　【打印设置】对话框

十三、输出纸样清单到 Excel

1. **功能**

把与纸样相关的信息，如纸样名称、代码、说明、份数、缩水率、周长、面积、纸样图等输入 Excel 表中，并生成 .xls 格式的文件。

2. **操作**

（1）单击【文件】菜单—【输出纸样清单到 Excel】，弹出【导出 Excel】对话框，如图 2-290 所示。

（2）选中需要输出的纸样，选中输出的信息，单击【导出】即可，如图 2-291 所示。

图 2-290　【导出 Excel】对话框

序号	纸样图	名称	布料种类	份数	净样周长	毛样面积
			纸样清单			
						单位：cm
款式：40B0113001						
1		后中	面	2	178.88	1421.7
2		大袖	面	2	155.09	1297.45
3		小袖	面	2	137.5	737.33
4		挂面	面	2	206.82	989.23
5		前中	面	2	279.77	1569.13
6		前里	里	2	152.66	845.31
7		侧里	里	2	134.57	762.23
8		侧片	里	2	133	699.42

图 2-291　导出 Excel 效果

十四、数化板设置（快捷键【E】）

【数化板设置】对话框，如图 2-292 所示。

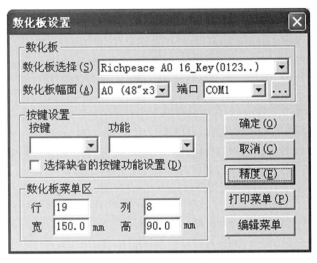

图 2-292　【数化板设置】对话框

【数化板设置】参数说明

（1）【数化板选择】：本栏不需要选择型号，软件在出厂前，厂商已根据用户所用数化板型号设置好。

（2）【数化板幅面】：用于设置数化板的规格。

（3）【端口】：用于选择数化板所连接的端口的名称。

（4）【按键设置】：是用于设置十六键鼠标上各键的功能。

（5）【选择缺省的按键功能设置】：勾选后数化板鼠标的对应键将采用系统默认的缺省设置。

（6）【数化板菜单区】：用于设置数化板菜单区的行列。

（7）【精度】：用于调整读图板的读图精度。方法：手工画一个 50cm×50cm 的矩形框，通过数化板读入计算机中，把实际测量出的横、纵长度，输入调整精度的对话框中，即可。

（8）【打印菜单】：在设定完菜单区的行和列后，单击该按钮，系统就会自动打印出【数化板菜单】。

（9）【编辑菜单】：点击编辑菜单，会弹出多个自由编辑区，在此可设置常用的纸样名称，方便在读图时直接把纸样名读入。一个编辑区设置一个纸样名。

注意：数化板菜单是本系统设置的一个读图菜单，打印出来后贴在数化板的一角，方便鼠标在数化板上直接输入纸样信息。具体如何设置请参考读图。

十五、最近用过的10个文件

1. 功能

可快速打开最近用过的 10 个文件。

2．操作

单击【文档】，选择一个文件名，即可打开该文件。

十六、复制纸样（【Ctrl】+【C】）

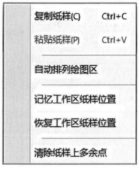

1．功能

该命令与粘贴纸样配合使用，把选中纸样复制剪贴板上。

2．操作

（1）用🖾选择纸样控制点工具选中需要复制的纸样。

（2）点击【编辑】菜单—【复制纸样】（图2-293）。

十七、粘贴纸样（【Ctrl】+【V】）

图2-293 【编辑】菜单

1．功能

该命令与复制纸样配合使用，使复制在剪贴板的纸样粘贴在目前打开的文件中。

2．操作

（1）打开要粘贴纸样的文件。

（2）单击【编辑】菜单—【粘贴纸样】。

十八、自动排列绘图区

1．功能

把工作区的纸样按照绘图纸张的宽度进行排列，省去手动排列的麻烦。

2．操作

（1）把需要排列的纸样放入工作区中。

（2）单击【编辑】菜单—【自动排列】绘图区，弹出【自动排列】对话框。

（3）设置好纸样间隙，单击不排的码使其没有填充色，如图2-294所示S码，单击【确定】。

（4）工作区的纸样就会按照设置的纸张宽度自动排列。

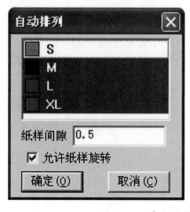
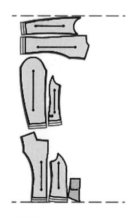

图2-294 【自动排列】对话框

十九、记忆工作区纸样位置

1. 功能

当工作区中纸样排列完毕，执行【记忆工作区纸样位置】，系统就会记忆各纸样在工作区的摆放位置，方便再次应用。

2. 操作

（1）在工作区中排列好纸样。

（2）单击【编辑】菜单—【记忆工作区纸样位置】，弹出【保存位置】对话框，如图 2-295 所示。

（3）选择存储区，即可。

图 2-295　【保存位置】对话框

二十、恢复工作区纸样位置

1. 功能

对已经执行【记忆工作区纸样位置】的文件，再打开该文件时，用该命令可以恢复上次纸样在工作区中的摆放位置。

2. 操作

（1）打开应用过【记忆工作区纸样位置】命令的文件。

（2）单击【编辑】菜单—【恢复工作区纸样位置】，弹出【恢复位置】对话框。

（3）单击正确的存储区，即可。

二十一、清除纸样上多余点

1. 功能

清除纸样上多余的点或纸样上控制点太少时加一些点。常用于处理导入的其他非富怡文件。

2. 操作

（1）打开需要处理的文件。

（2）单击【编辑】菜单—【清除纸样上多余点】，弹出【清除多余点】对话框，如图 2-296 所示。

（3）选中合适的选项，单击【确定】即可。

二十二、款式资料（快捷键【S】）

1. 功能

用于输入同一文件中所有纸样的共同信息。在款式资料中输入的信息可以在布纹线上下显示，并可传送到排料系统中随纸样一起输出。

图 2-296　【清除多余点】对话框

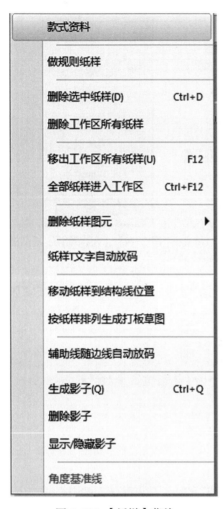

图 2-297 【纸样】菜单

2. 操作

单击【纸样】菜单（图 2-297）—【款式资料】，弹出【款式信息框】（图 2-298），输入相关的详细信息，单击对应的【设定】按钮，最后单击【确定】。

3.【款式信息框】参数说明

（1）🖉 编辑词典：单击对应🖉 编辑词典，输入使用频率较高的信息并保存，使用时单击旁边的三角按钮，在下拉列表中单击所需的文字即可。

（2）【款式名】：指打开文件的款式名称。

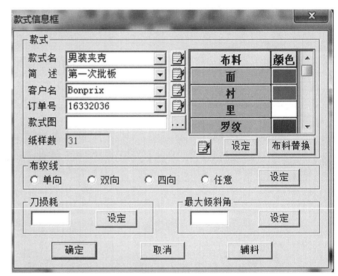

图 2-298 【款式信息】对话框

（3）【简述】：指对文件的简单说明，该信息不会在纸样上显示。

（4）【客户名】：可注明为那个客户做的该文件。

（5）【订单号】：在此可输入打开原文件的订单号。

（6）【款式图】：显示款式图存储路径。

（7）⋯ 单击该按钮，找出对应的款式图，打开文件后，勾选显示菜单下的款式图，款式图就显示。

（8）【布料】：如果在布料下输入该文件中用的所有布料名，则在纸样资料中选择即可。

（9）【颜色】：单击颜色下的表格，可设置相应面料在纸样列表框中的显示颜色。

（10）布料下的【设定】：单击【设定】，弹出【布料】对话框，统一设定所有纸样的布料。如图 2-299 所示，选中"面"，则该文件中所有纸样的布料都为面料。如果有个别纸

图 2-299 【布料】对话框

样用不同的布料，然后在"纸样资料"对话框中设定。

（11）【布纹线】：选择【单向】、【双向】、【四向】或【任意】中的一种，点击【设定】，那么款式中的所有纸样布纹线都是选点的方向。

（12）【辅料】：

①点击【辅料】，出现【辅料表】对话框，如图 2-300 所示。

②在相应的选项中输入可以随时查看辅料情况。

图 2-300　【辅料表】对话框

二十三、做规则纸样

1. 功能

做圆或矩形纸样。

2. 操作

（1）单击【纸样】菜单—【做规则纸样】，弹出【创建规则纸样】对话框，如图 2-301 所示。

（2）根据所需选择选项，输入相应的数值，点击【确定】，新的纸样即可生成。

图 2-301　【创建规则纸样】对话框

二十四、删除选中纸样（【Ctrl】+【D】）

1. 功能

将工作区中的选中纸样从衣片列表框中删除。

2．操作

（1）选中要删除的纸样。

（2）单击【纸样】菜单—【删除选中纸样】，弹出对话框。

（3）单击【是】，则当前选中纸样从文件中删除，单击【否】则取消该命令，该纸样没被删除。

二十五、删除工作区所有纸样

1．功能

将工作区中的全部纸样从衣片列表框中删除。

2．操作

（1）把需要删除的纸样放在工作区中。

（2）单击【纸样】菜单—【删除工作区所有纸样】，弹出对话框。

（3）单击【是】，则工作区全部纸样从文件中删除，单击【否】则取消该命令，该纸样没被删除。

二十六、纸样布纹线自动放码

1．功能

纸样上的布纹线与边线自动放码。

2．操作

（1）把纸样放在工作区。

（2）单击【纸样】菜单—【布纹线自动放码】，弹出对话框，如图 2-302 所示。

（3）选择相应的选项，点【确定】，如图 2-303 所示。

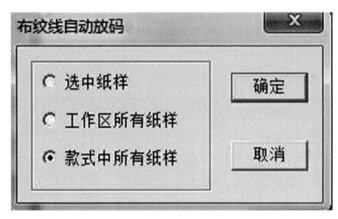

图 2-302 【布纹线自动放码】对话框

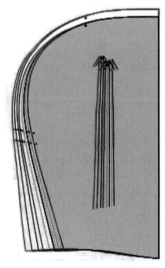

图 2-303 自动放码效果图

二十七、纸样重新定义布纹线（快捷键【B】）

1. 功能

恢复编辑过的布纹线至原始状态。

2. 操作

（1）选中需要重新定义布纹线的纸样。

（2）单击【纸样】菜单—【重新定义布纹线】，弹出对话框，如图2-304所示。

（3）选择其中选项，点击【确定】即可。

3. 说明

如果对工作区纸样或所有纸样操作该命令，直接点击该命令。

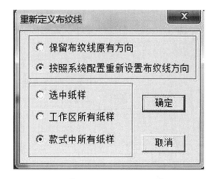

图2-304 【重新定义布纹线】对话框

二十八、纸样布纹线放码量清零

1. 功能

布纹线的放码量清零。

2. 操作

（1）把纸样放在工作区。

（2）单击【纸样】菜单—【布纹线放码量清零】，弹出对话框，如图2-305所示。

（3）点击【确定】即可。

二十九、按布纹线方向摆放纸样

1. 功能

按布纹线方向摆放工作区中的款式纸样。

2. 操作

（1）把纸样放在工作区。

（2）单击【纸样】菜单—【按布纹线方向摆放纸样】，弹出对话框，如图2-306所示。

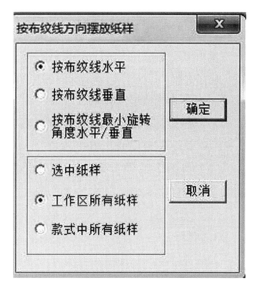

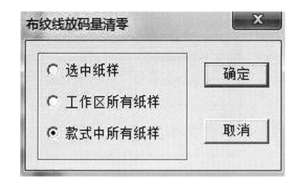

图2-305 【布纹线放码量清零】对话框

图2-306 【按布纹线方向摆放纸样】对话框

（3）选择相应的选项，点击【确定】即可。

（4）【按布纹线最小旋转角度水平 / 垂直】：当数字化仪读进纸样，有时摆放不水平、垂直，可选此功能（图 2-307）。

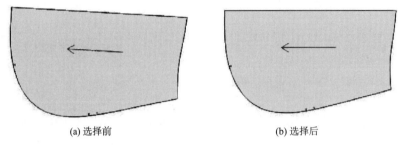

(a) 选择前   (b) 选择后

图 2-307　按布纹线最小旋转角度水平

三十、移出工作区全部纸样（快捷键【F12】）

1. 功能

将工作区全部纸样移出工作区。

2. 操作

单击【纸样】菜单—【移出工作区全部纸样】，或者用快捷键【F12】。

三十一、全部纸样进入工作区（【Ctrl】+【F12】）

1. 功能

将纸样列表框的全部纸样放入工作区。

2. 操作

（1）单击【纸样】菜单—【全部纸样进入工作区】，或者用快捷键【Ctrl】+【F12】。

（2）纸样列表框的全部纸样，会进入工作区。

三十二、删除纸样所有辅助线

1. 功能

用于删除纸样的辅助线。

2. 操作

（1）选中需删除辅助线的纸样。

（2）单击【纸样】菜单—【删除纸样所有辅助线】，弹出对话框，如图 2-308 所示。

（3）选择第一选项，点击【确定】即可。

3. 说明

如果对工作区纸样或所有纸样操作该命令，直接点击该命令。

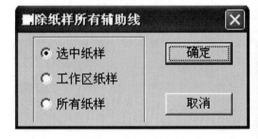

图 2-308　【删除纸样所有辅助线】对话框

三十三、清除纸样上的文字（快捷键【T】）

1. 功能

清除纸样中用 T 工具写上的文字（注意：不包括布纹线上下的信息文字）。

2. 操作

（1）选中有"T"文字的纸样。

（2）单击【纸样】菜单—【清除纸样上的文字】，弹出对话框，如图 2-309 所示。

（3）选择第一选项，点击【确定】即可。

3. 说明

如果对工作区纸样或所有纸样操作该命令，直接点击该命令。

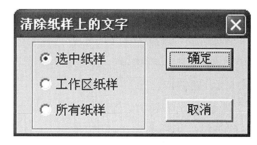

图 2-309 【清除纸样上的文字】对话框

三十四、清除拐角剪口

1. 功能

用于删除纸样拐角处的剪口。

2. 操作

（1）选中需要删除拐角的纸样。

（2）单击【纸样】菜单—【清除拐角剪口】，弹出对话框，如图 2-310 所示。

（3）选择第一选项，点击【确定】即可。

注意：如果对工作区纸样或所有纸样操作该命令，直接点击对应选项；用此命令删除的拐角剪口都是用拐角剪口做的。

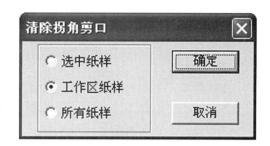

图 2-310 【清除拐角剪口】对话框

三十五、移动纸样到结构线位置

1. 功能

将移动过的纸样再移到结构线的位置。

2. 操作

（1）选中需要操作的纸样。

（2）单击【纸样】菜单—【移动纸样到结构线位置】，弹出对话框，如图 2-311 所示。

（3）选择第一选项，点击【确定】即可。

3. 说明

如果对工作区纸样或所有纸样操作该命令，直接点击该命令。

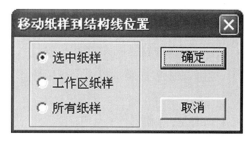

图 2-311 【移动纸样到结构线位置】对话框

三十六、纸样生成结构线图

1. **功能**

将纸样生成新的结构线图。

2. **操作**

（1）选中需要生成结构线图的纸样。

（2）单击【纸样】菜单—【纸样生成结构线】，弹出对话框，如图2-312所示。

（3）选择其中选项，点击【确定】即可。

3. **说明**

（1）【纸样与新结构线关联】：选择此选项后，结构线调整，纸样会同时调整。

（2）【内部图元与新的对应图元仅位置关联】：选择此选项，结构线上的图元如剪口、钻孔等调整，纸样同时调整；反之，不联动调整，只是在原来位置。

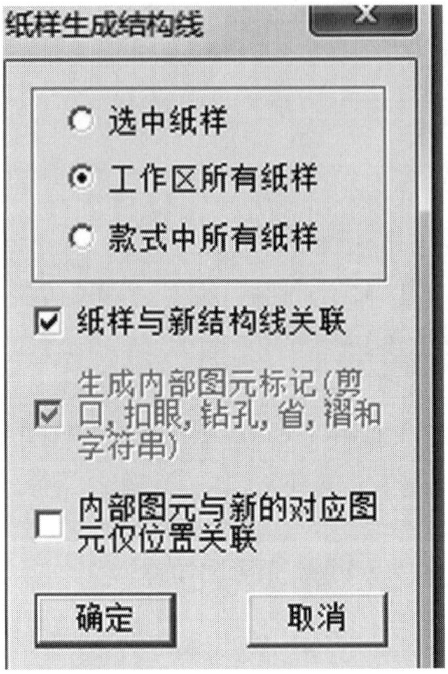

图 2-312 【纸样生成结构线】对话框

三十七、辅助线随边线自动放码

1. **功能**

将与边线相接的辅助线随边线自动放码。

2. **操作**

（1）选中需要随边线放码的纸样辅助线。

（2）单击【纸样】菜单—【辅助线随边线自动放码】，弹出对话框。

（3）选择选项，点击【确定】即可。

3. **说明**

（1）如果对工作区纸样或所有纸样操作该命令，直接点击该命令。

（2）默认情况下，辅助线是随边线自动放码的。

三十八、生成影子（快捷键【Ctrl】+【Q】）

1. **功能**

将选中纸样上所有点、线生成影子，方便在改板后可以看到改板前的纸样影子。

2. **操作**

（1）选中需要生成影子的纸样。

（2）单击【纸样】菜单—【生成影子】。

三十九、删除影子

1. **功能**

删除纸样上的影子。

2．操作

（1）选中需要删除影子的纸样。

（2）单击【纸样】菜单—【删除影子】。

四十、显示/掩藏影子

1．功能

用于显示或掩藏影子。

2．操作

单击【纸样】菜单—【显示/掩藏影子】，如果用该命令前影子为显示，则用该命令后影子为显示掩藏状态；反之用之前为掩藏，则之后就为显示。

四十一、角度基准线

1．功能

在纸样上定位，如在纸样上定袋位（图2-313）、腰围线等。

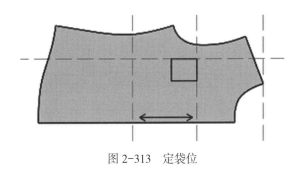

图2-313 定袋位

2．操作

（1）添加基准线。

①在显示标尺的条件下，按住鼠标左键从标尺处直接拖。

②用 🔲 选择纸样控制点工具选中纸样上两点，单击【纸样】菜单—【角度基准线】。

（2）移动基准线。

①用 ▶ 调整工具单击基准线移至目标位置。

②指定尺寸移动基准线：用 ▶ 调整工具在要移动的基准线上双击，会弹出【基准线】对话框，如图2-314所示。

（3）复制基准线：按住【Ctrl】键，用 ▶ 调整工具单击基准线，弹出【基准线】对话框。

（4）删除基准线。

①用 ▶ 调整工具移动基准线到工作区的边界处即可消失。

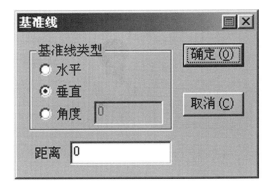

图2-314 【基准线】对话框

②用 ✐ 橡皮擦工具单击或框选基准线。

③删除工作区全部基准线按【Ctrl】+【Alt】+【Shift】+【G】即可。

四十二、尺寸变量

1. 功能

该对话框用于存放线段测量的记录。

2. 操作

单击【号型】—【尺寸变量】（图2-315），弹出【尺寸变量】对话框（图2-316），可以查看各码数据，也是修改尺寸的变量符号，方法为：单击变量符号，待其显亮后，单击文本框旁的三角按钮，从中选择变量符号，也可以直接输入变量名，把变量符号修改为变量名，按【确定】即可。

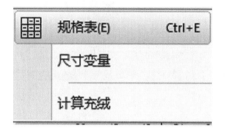

图2-315　表格菜单

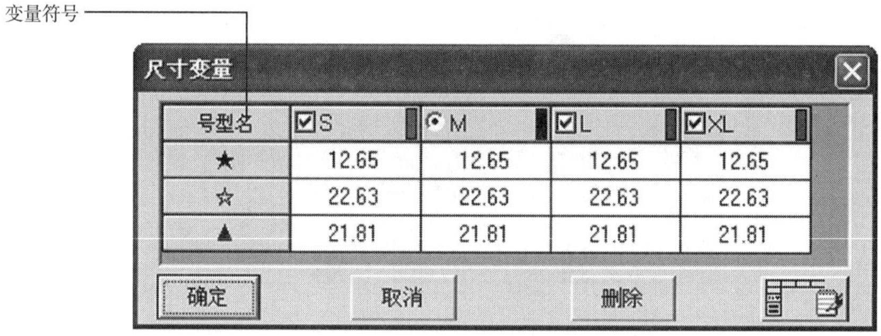

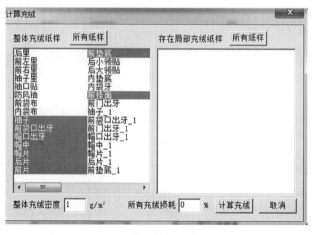

图2-316　【尺寸变量】对话框

四十三、计算充绒

（1）点击表格菜单【计算充绒】，会出现如图2-317所示对话框。

图2-317　【计算充绒】对话框

（2）在【整体充绒】下选择需要充绒的纸样，输入整体充绒密度值以及所有充绒损耗的量，点击【计算充绒】，会出现【充绒数据】表格（图2-318）。

（3）在充绒表格的【纸样名称】下点击鼠标左键，可以查看具体纸样形状（图2-319）。

（4）根据需要选择充绒或单件充绒等，输出的表格自带公式，更改其中的内容后，相关内容会自动计算，如图2-320所示。

注意：

（1）更改密度、损耗等，需要在第一个表格整体数据表格上更改，其他后面表格会自动更改。

（2）单件充绒：单件充绒表格里显示的是每个码总的充绒量。

（3）充绒：显示的每个码每一片的充绒量。

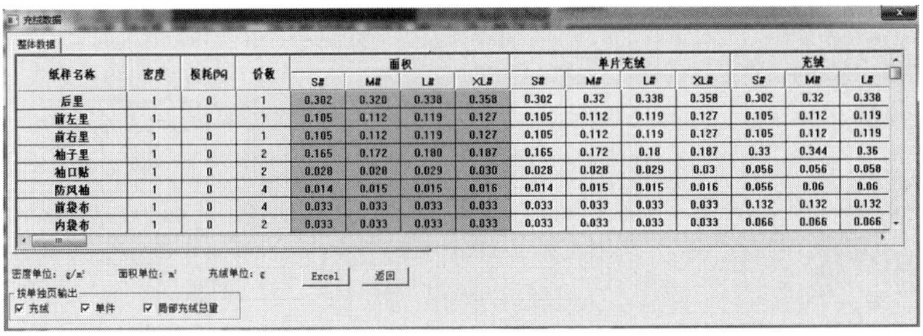

纸样名称	密度	损耗[%]	份数	面积				单片充绒				充绒		
				S#	M#	L#	XL#	S#	M#	L#	XL#	S#	M#	L#
后里	1	0	1	0.302	0.320	0.338	0.358	0.302	0.32	0.338	0.358	0.302	0.32	0.338
前左里	1	0	1	0.105	0.112	0.119	0.127	0.105	0.112	0.119	0.127	0.105	0.112	0.119
前右里	1	0	1	0.105	0.112	0.119	0.127	0.105	0.112	0.119	0.127	0.105	0.112	0.119
袖子里	1	0	2	0.165	0.172	0.180	0.187	0.165	0.172	0.18	0.187	0.33	0.344	0.36
袖口贴	1	0	2	0.028	0.028	0.029	0.030	0.028	0.028	0.029	0.03	0.056	0.056	0.058
防风袖	1	0	4	0.014	0.015	0.015	0.016	0.014	0.015	0.015	0.016	0.056	0.06	0.06
前袋布	1	0	4	0.033	0.033	0.033	0.033	0.033	0.033	0.033	0.033	0.132	0.132	0.132
内袋布	1	0	2	0.033	0.033	0.033	0.033	0.033	0.033	0.033	0.033	0.066	0.066	0.066

密度单位：g/m²　面积单位：m²　充绒单位：g　　Excel　返回

按单独页输出：☑充绒　☑单件　☑局部充绒总量

图2-318　充绒数据表格

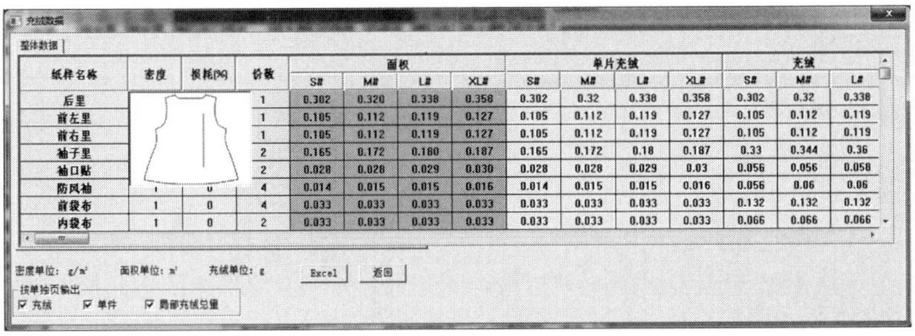

纸样名称	密度	损耗[%]	份数	面积				单片充绒				充绒		
				S#	M#	L#	XL#	S#	M#	L#	XL#	S#	M#	L#
后里			1	0.302	0.320	0.338	0.358	0.302	0.32	0.338	0.358	0.302	0.32	0.338
前左里			1	0.105	0.112	0.119	0.127	0.105	0.112	0.119	0.127	0.105	0.112	0.119
前右里			1	0.105	0.112	0.119	0.127	0.105	0.112	0.119	0.127	0.105	0.112	0.119
袖子里			2	0.165	0.172	0.180	0.187	0.165	0.172	0.18	0.187	0.33	0.344	0.36
袖口贴			2	0.028	0.028	0.029	0.030	0.028	0.028	0.029	0.03	0.056	0.056	0.058
防风袖			4	0.014	0.015	0.015	0.016	0.014	0.015	0.015	0.016	0.056	0.06	0.06
前袋布			4	0.033	0.033	0.033	0.033	0.033	0.033	0.033	0.033	0.132	0.132	0.132
内袋布			2	0.033	0.033	0.033	0.033	0.033	0.033	0.033	0.033	0.066	0.066	0.066

密度单位：g/m²　面积单位：m²　充绒单位：g　　Excel　返回

按单独页输出：☑充绒　☑单件　☑局部充绒总量

图2-319　纸样形状

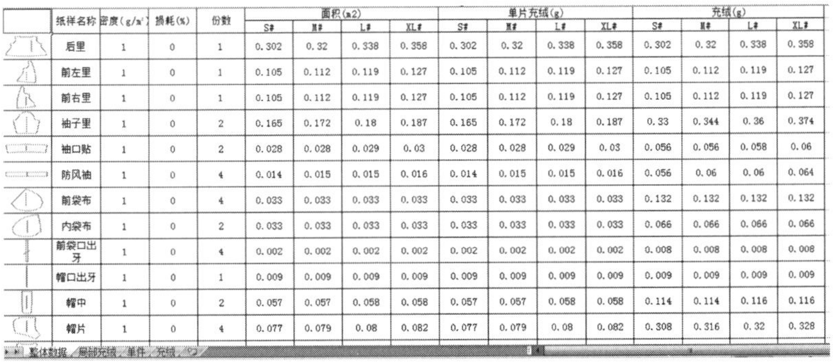

纸样名称	密度（g/m²)	损耗(%)	份数	面积(m2)				单片充绒(g)				充绒(g)			
				S#	M#	L#	XL#	S#	M#	L#	XL#	S#	M#	L#	XL#
后里	1	0	1	0.302	0.32	0.338	0.358	0.302	0.32	0.338	0.358	0.302	0.32	0.338	0.358
前左里	1	0	1	0.105	0.112	0.119	0.127	0.105	0.112	0.119	0.127	0.105	0.112	0.119	0.127
前右里	1	0	1	0.105	0.112	0.119	0.127	0.105	0.112	0.119	0.127	0.105	0.112	0.119	0.127
袖子里	1	0	2	0.165	0.172	0.18	0.187	0.165	0.172	0.18	0.187	0.33	0.344	0.36	0.374
袖口贴	1	0	2	0.028	0.028	0.029	0.03	0.028	0.028	0.029	0.03	0.056	0.056	0.058	0.06
防风袖	1	0	4	0.014	0.015	0.015	0.016	0.014	0.015	0.015	0.016	0.056	0.06	0.06	0.064
前袋布	1	0	4	0.033	0.033	0.033	0.033	0.033	0.033	0.033	0.033	0.132	0.132	0.132	0.132
内袋布	1	0	2	0.033	0.033	0.033	0.033	0.033	0.033	0.033	0.033	0.066	0.066	0.066	0.066
前袋口出牙	1	0	4	0.002	0.002	0.002	0.002	0.002	0.002	0.002	0.002	0.008	0.008	0.008	0.008
帽口出牙	1	0	1	0.009	0.009	0.009	0.009	0.009	0.009	0.009	0.009	0.009	0.009	0.009	0.009
帽中	1	0	2	0.057	0.057	0.058	0.058	0.057	0.057	0.058	0.058	0.114	0.114	0.116	0.116
帽片	1	0	4	0.077	0.079	0.08	0.082	0.077	0.079	0.08	0.082	0.308	0.316	0.32	0.328

整体数据　局部充绒　单件　充绒

图2-320　自动计算充绒量

四十四、款式图（快捷键【T】）

显示菜单如图 2-321 所示。

如果该命令前有"√"对勾显示，且所打开的文件在款式资料中设置了款式图所在路径，款式图片就会显示在界面上，如图 2-322 所示，否则该命令前即使有"√"对勾显示，界面上只会显示如图 2-323 所示对话框。

注意：把光标放在款式图的右下角，可把图成比例的放大或缩小。

图 2-321　显示菜单

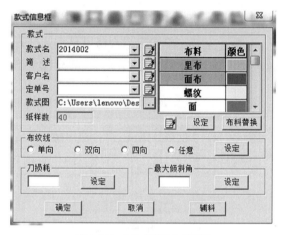

图 2-322　【款式信息】对话框

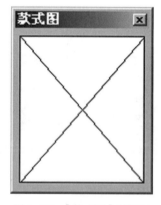

图 2-323　【款式图】对话框

四十五、标尺（快捷键【R】）

如果该命令前有"√"对勾显示，则标尺就会显示，否则没有显示。

四十六、衣片列表框（快捷键【L】）

如果该命令前有"√"对勾显示，则衣片列表框就会显示在软件界面上，如图 2-324 所示，否则没有显示。

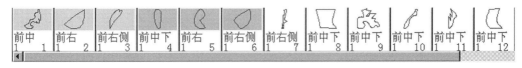

图 2-324　衣片列表框

四十七、主工具栏

如果该命令前有"√"对勾显示，则软件界面就有工具条显示（图 2-325），否则没有显示。

四十八、工具栏

如果工具栏命令前有"√"对勾显示，则软件界面就有工具条显示（图 2-326），否则没有显示。

四十九、自定义工具栏

如果自定义工具栏命令前有"√"对勾显示，并且在软件选项【菜单】—【系统设置】—【界面】—【工具栏配置】中设置了工具图标，则软件界面就有上列该工具条工具显示（图 2-327），否则两者缺其一都不能显示工具图标。

五十、显示纸样信息栏

如果纸样信息栏命令前有"√"对勾显示，纸样信息栏就会在右侧显示。

图 2-325　主工具栏

图 2-326　工具栏

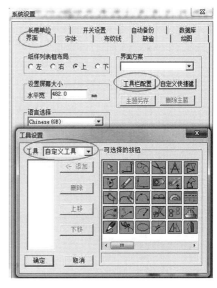

图 2-327　自定义工具栏

五十一、长度比较栏

如果长度比较栏命令前有"√"对勾显示，长度比较栏就会在右侧显示。

五十二、参照表栏

如果参照表栏命令前有"√"对勾显示，参照表栏就会在右侧显示。

五十三、显示辅助线

如果显示辅助线命令前有"√"对勾显示，则辅助线就会显示，否则不会显示。

注意：辅助线指纸样上普通的线条。

五十四、显示临时辅助线

如果显示临时辅助线命令前有"√"对勾显示，则设置的临时辅助线就会显示，否则不会显示。

注意：临时辅助线的生成，按住【Shift】键用 ▨ 设置线的颜色类型工具在辅助线上左键单击或框选。

五十五、显示布纹线

如果显示布纹线命令前有"√"对勾显示，所有纸样上的布纹线都会显示，反之，均不会显示。

五十六、显示一个号型的布纹线

如果纸样上布纹线放过码，选择布纹线后，只显示一个号型的布纹线（图2-328）。

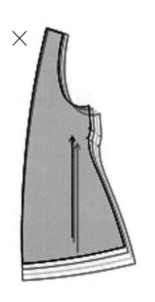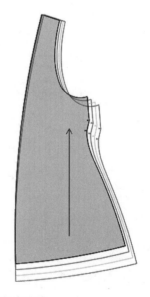

图2-328　显示一个号型的布纹线

五十七、显示基准线

如果显示基准线命令前有"√"对勾显示，则基准线就会显示，否则没有显示。

注意：基准线可以用 ![icon] 调整工具从标尺处拖出，也可以用 ![icon] 选择纸样控制点工具选中纸样上两点，单击【纸样菜单】—【角度基准线】生成。

五十八、显示底图

如果显示底图命令前有"√"对勾显示，在【文件】—【打开底图】里打开的图片就会在工作区显示，反之则不显示。

五十九、系统设置（快捷键【S】）

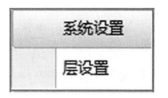

选项菜单如图 2-329 所示。

1. 功能

系统设置中有多个选项卡，可对系统各项进行设置。

图 2-329　选项菜单

2. 操作

单击【选项】菜单—【系统设置】，弹出【系统设置】对话框，有 9 个选项卡，重新设置任一参数，需单击下面的【确定】按钮才有效。

3.【长度单位】选项卡说明

【长度单位】选项卡，如图 2-330 所示。

（1）【度量单位】：用于确定系统所用的度量单位。在厘米、毫米、英寸和市寸四种单位里单击选择一种，在【显示精度】下拉列表框内选择需要达到的精度。在选择英寸的时候，可以选择分数格式与小数格式。

（2）【英寸分数格式】：勾选该项时，使用分数格式。不勾选时，使用小数格式。

（3）【没有输入分数分母时，以显示精度作为默认分母】：如果设置精度为 $\frac{1}{16}$，在勾选此项的 10.3 和没勾选此项的 $10\frac{3}{16}$ 是一样的，都是 10 寸 1 分半。

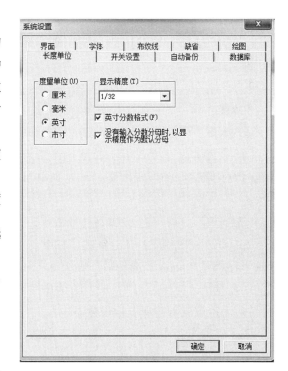

图 2-330　【长度单位】选项卡

4.【缺省】选项卡说明

【缺省】选项卡，如图 2-331 所示。

（1）【剪口】：可更改默认剪口类型、大小、角度、命令（操作方式）。

①【命令】：选择裁剪，连接切割机时外轮廓线上的剪口会切割；选择只画，连接切割机或绘图仪时以画的方式显现；M68：为连接电脑裁床时剪口选择的方式。

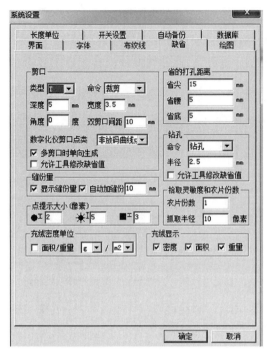

图 2-331 【缺省】选项卡

②【双剪口间距】：指打多个剪口时相邻剪口间默认的距离。

③【数字化仪剪口点类】：这里设定的为【读纸样】对话框中默认点，如选择的是放码曲线点，则按剪口键后，剪口下方有个放码曲线点。

④【多剪口时单向生成】：勾选，剪口对话框中的距离是参考点至最近剪口的距离，否则，剪口对话框中的距离是参考点到多剪口中点的距离。

（2）【缝份量】：

①勾选【显示缝份量】，纸样加缝份后，显示缝份量。

②【自动加缝份】：可更改默认加的缝份量，勾选自动加缝份后，生成的样片，系统会为每一个衣片自动加上缝份。

（3）【点提示大小（像素）】： 用于设置结构线或纸样上的控制点大小； 定位时，用于设置参考点大小。

（4）【省的打孔距离】：设置常用省的打孔距离，双击修改的文本框，输入数据后按【确定】即生效。

①省尖 用于设置省尖钻孔距省尖的距离。

②省腰 用于设置省腰钻孔距省腰的距离。

③省底 用于设置省底钻孔距省底的距离。

（5）【钻孔】：选择钻孔，指连接切割机时该钻孔会切割；选择只画，指连接绘图仪、切割机时钻孔会以画的形式显现；勾选 Drill M43 或 Drill M44 或 Drill M45, 指连接裁床时，砸眼的大小。

①半径 用于设置钻孔的大小。

②允许工具修改缺省值 ：针对钻孔，如默认的半径是 2.5mm, 不选择此选项，每次新做的钻孔默认半径都是 2.5mm；选择后，如果其中一个钻孔的半径用钻孔工具修改为 5mm, 那么缺省里的半径默认改为 5mm, 以后新做的钻孔都是 5mm。

（6）【拾取灵敏度和衣片份数】：

①【抓取半径】：用于设定鼠标抓取的灵敏度，鼠标抓取的灵敏度是指以抓取点为圆心，以像素为半径的圆。像素越大，范围越大，一般设在 5 ~ 15 像素。

②【衣片份数】：是剪纸样时或用数化板读图时，纸样份数的默认设置。

（7）【充绒密度单位】：计算充绒时所选择的单位。

（8）【充绒显示】：局部充绒时，选择那些需要显示到纸样上的部位。

5.【绘图】选项卡说明

【绘图】选项卡，如图2-332所示。

（1）【线条宽度】：用于设置喷墨绘图仪的线宽度。

（2）【点大小（直径）】：用于设置喷墨绘图仪的点大小。

（3） 设定虚线的间隔长度。

（4） 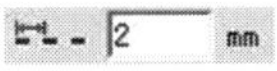 设定点线间隔长度。

（5） 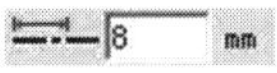 设定点画线间隔长度。

（6）【固定段长度】：是为了保证切割时纸样与原纸张相连，在此设定这段线所需长度。

（7）【切割段长度】：设置刀一次切割纸样的长度；在切割时纸样边缘的切割形状如图2-333所示。

图2-332　【绘图】选项卡

（8）【绘图仪线型】、【软件虚线】、【圆圈虚线】：系统提供了7种线型，在绘图功能中选择不同类型的各种线型的绘图效果见表2-9。

(a) 切割段长度　　　　(b) 固定段长度

图2-333　切割形状

表2-9　各种线型

名称	图示	绘图仪线型	输出后图示	软件虚线	输出后图示	圆圈虚线	输出后图示
实线	——	实线	——	实线	——	实线	——
虚线	— — —	虚线	— — —	根据设置的长度、间隔绘制	— — —	根据设置的直径、间隔绘制	·□□□□□□□□□
点线	- - - - -	点线	- - - - -		- - - - -		◇◇◇◇◇◇◇◇◇◇
点画线	—·—·—·—	点画线	—·—·—·		—·—·—·		∞∞∞∞∞∞∞∞
自定义虚线	⊢L—D⊣	绘制的形状与屏幕上显示的形状相同	— — —	绘制的形状与屏幕上显示的形状相同	— — —	绘制的形状与屏幕上显示的形状相同	— — —
圆形曲线	R○D○--		○○○○○l		○○○○○l		○○○○○l
自定义曲线	☆☆☆		* * * *		* * * *		* * * *

（9）【外轮廓的剪口类型】：勾选外轮廓的剪口使用同一种类型，则可在下面选择一种绘图或切割时统一采用的剪口。

（10）【外轮廓线】：指纸样的最外边的线，绘图时有实线与虚线的选择。【内轮廓线】：指纸样的净样线，绘图时有实线与虚线的选择。

（11）【绘制净样轮廓线】：勾选，绘制净样线。

（12）【绘制净样轮廓线剪口】：勾选，绘制净样轮廓线剪口。

（13）【切割轮廓线】：勾选，使用刻绘仪时，切割外轮廓线。此时固定段长度与切割段长度被激活。

（14）【绘制布纹线】：勾选，绘图或打印时，绘制布纹线。

（15）【切割纸样时在剪口处做标记】：有时在切割箱包纸格时需要做标记。

（16）【合并切割模板】：切割模板时使用，如图 2-334 所示，切割时需要沿边界切，这样会省时间。中间剩余板做其他用途。

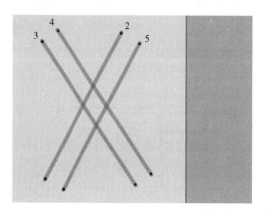

图 2-334　合并模板

（17）【剪口和边线合并（仅合并 V/U/Box 类型）】：针对剪口是外剪口的情况，将剪口合并为边线，如图 2-335 所示。

（18）【绘完一页内的所有线后再切割纸样】：将一页内的所有纸样画完后再切割。

6.【界面】选项卡说明

【界面设置】选项卡，如图 2-336 所示。

（1）【纸样列表框布局】：单击【上、下、左、右】中的任何一个选项按钮，纸样列表框

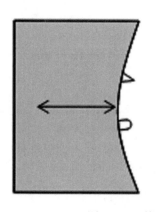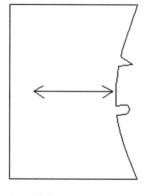

图 2-335　剪口与边线合并　　　　　　图 2-336　【界面设置】选项卡

就放置在对应位置。

（2）【设置屏幕大小】：按照实际的屏幕大小输入后，按【Ctrl】+【F11】时图形可以 1 : 1 显示。

（3）【语言选择】：用于切换语言版本，如 Chinese（GB）为中文简体版，Chinese（BIG5）为中文繁体版。

（4）【界面方案】：

① 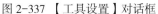 存储的主题可在下拉菜单中选择。

② 工具栏配置 为了用户操作方便，可根据需求只把用到工具显示在界面上。单击该按钮可自行设置自定义工具及右键工具（图 2-337）。

注意：需要在【显示】—【自定义工具条】打勾才可以显示。

③ 主题另存... 设定好的自定义工具条可存储，可存储多个主题。

④ 删除主题 不需要的主题可先选中，再单击该按钮将其删除。

7.【自动备份】选项卡说明

【自动备份】选项卡，如图 2-338 所示。

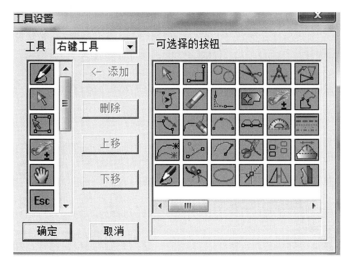

图 2-337 【工具设置】对话框

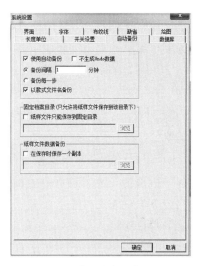

图 2-338 【自动备份】选项卡

（1）【使用自动备份】：勾选，系统实行自动备份。

（2）【备份间隔】：用来设置备份的时间间隔。

（3）【备份每一步】：是指备份操作的每一步。人为保存过的每一个文件都有对应的文件名，后缀名为 .bak, 与人为保存的文件在同一目录下。如果做了多步操作，一次也没保存，就用安全恢复。

（4）【以款式文件名备份】：勾选，在保存文件的目录下每个文件都有相对应的备份，如在某目录下保存了一个文件名为 NV003.dgs, 那么同一目录下也有一个 NV003.bak。

（5）【固定档案目录（只允许将纸样文件保存到设定的目录下）】：勾选【纸样文件只能保存到固定目录】，所有文件保存到指定目录内，不会由于操作不当找不到文件。选用本项后，纸样就不能再存到其他目录中，系统会提示一定要保存到指定目录内，这时只有选择指定目录才能保存。

（6）【在保存时保存一个副本】：在正常保存文件同时，勾选该选项也可以在其他盘符中再保存一份文档作为备份。

8.【开关设置】选项卡说明

【开关设置】选项卡，如图 2-339 所示。

（1）【显示非放码点】：【Ctrl】+【K】勾选，显示所有非放码点，反之不显示。

（2）【显示放码点】：【Ctrl】+【F】勾选，显示所有放码点，反之不显示。

（3）【显示缝份线】：【F7】勾选，显示所有缝份线，反之不显示。

（4）【填充纸样】：【Ctrl】+【J】勾选，纸样有颜色填充，反之没有。

（5）【使用滚轮放大缩小（点击全屏）】：勾选，鼠标滚轮向后滚动为放大显示，向前滚动为缩小显示，反之为移动屏幕。

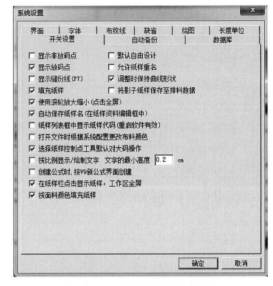

图 2-339 【开关设置】选项卡

（6）【自动保存纸样名（在纸样资料编辑框中）】：勾选，在纸样资料对话框中新输入的纸样名会自动保存，否则不会被保存。

（7）【纸样列表框中显示纸样代码（重启软件有效）】：勾选，重启软件后，纸样资料对话中输入的纸样代码会显示在纸样列表框中，反之不显示。

（8）【打开文件时根据系统配置更改布料颜色】：把计算机 A 的布料颜色设置好，并把该台计算机富怡安装目录下 DATA 文件中的 MaterialColor.dat 文件复制粘贴在计算机 B 的富怡安装目录下 DATA 文件中，并且在系统设置中勾选该选项，则在计算机 B 中打开文件布料颜色显示的与计算机 A 中布料的颜色显示一致。

（9）【选择纸样控制点工具默认对大码操作】：用方向键放码时，选择此选项，默认对大码操作。

（10）【允许纸样重名】：勾选后，纸样列表框里纸样可以重名，否则不能重名。

（11）【将影子纸样保存至排料数据】：勾选此选项后，在排料里可以看到纸样的影子，如图 2-340 所示。

（12）【默认自由设计】：选择后，制图时默认是自由设计，纸样与结构线不关联，不选择默认是公式法。

（13）【创建公式时，按 V9 新公式界面创建】：

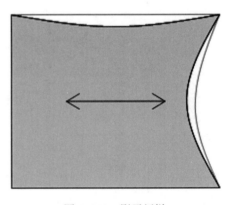

图 2-340 影子纸样

①选择此选项，默认界面如图 2-341 所示。

②不选择，默认是以前 V6 公式界面，如图 2-342 所示。

（14）【在纸样栏点击显示纸样，工作区全屏】：在纸样列表框选择纸样，工作区会全屏显示。

（15）【按面料颜色填充纸样】：选择后，工作区纸样颜色与面料颜色相同，反之，为选中或非选中纸样颜色。

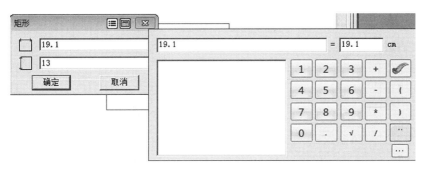

图 2-341 V9 新公式界面

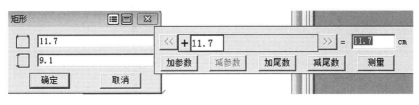

图 2-342 V6 公式界面

9.【布纹线】选项卡说明

【布纹线】选项卡，如图 2-343 所示。

（1）【布纹线的缺省方向】：剪纸样时生成的布纹线方向为此选中的布纹线方向；单击右边的三角按钮，在弹出的下拉菜单中选择所需选项，文本框中出现对应代码，最后单击【应用】、【确定】。

（2）【在布纹线上或下显示纸样信息】：勾选，纸样的布纹线上、下就会显示【纸样资料】【款式资料】中设置的信息。

（3）【布纹线上的文字按比例显示，绘图】：勾选，布纹线上、下的文字大小按布纹的长短显示，否则以同样的大小显示。

图 2-343 【布纹线】选项卡

（4）【在布纹线上同时显示多个号型名】：勾选，在显示所有码或绘网样时，各个码的号型都可显示在布纹线上、下。

10.【数据库设置】选项卡说明

【数据库设置】选项卡，如图 2-344 所示。

软件加密锁中须加入数据库功能，该选项为激活状态。

（1）【选择或者输入服务器名】：如 GCAD-SERVER\SQLEXPRESS。

（2）【用户名】、【数据库密】：在此输入用户名及密码。

（3）【将所有纸样的面积和周长输出到数据库】。

（4）【将所有纸样的面料信息输出到数据库】。

（5）【将所有纸样的尺寸信息输出到数据库】。

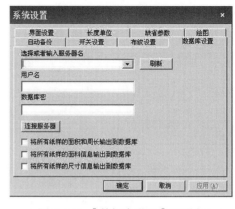

图 2-344 【数据库设置】选项卡

当（3）、（4）、（5）勾选方框前的选项，如果在当前计算机上保存文件，就会把所勾选内容输出到数据库计算机中。

注意：数据库传输只能用网线，不能用无线网卡传送，本机与数据库计算机须在同一个局域中。

六十、字体（快捷键【F】）

1. 功能

用来设置工具信息提示、T 文字、布纹线上的字体、尺寸变量的字体等的字形和大小，也可以把原来设置过的字体再返回到系统默认的字体。

2. 操作

（1）单击【选项】菜单下的【字体】，会弹出【选择字体】对话框，如图 2-345 所示。

（2）选中需要设置的内容，单击【设置字体】按钮，弹出【字体】对话框，选择合适的字体、字形、大小，单击【确定】，结果会显示在【选择字体】对话框中。

（3）如果想返回系统默认字体，只需在【默认字体】按钮上单击。

（4）单击【确定】，对应的字体就改变。

注意：档差标注显示字体，除了档差标注外还有自动缝制模板槽上的序号。

图 2-345 【选择字体】对话框

六十一、层设置（快捷键【S】）

【层设置】对话框，如图 2-346 所示。

（1）点击【创建层】，可以增加多个层，在层名里可以输入所需的名字。

（2）点击层名后面的颜色可以修改颜色。

（3）点击【显示】，当灯亮时，显示相应的层；当灯不亮时，隐藏相应的层。

（4）点击相应的层名，选择【删除层】或【清除无效层】，可以删除层。

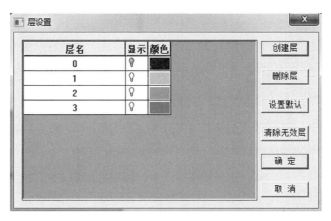

图 2-346　【层设置】对话框

六十二、帮助菜单

帮助菜单，如图 2-347 所示。

图 2-347　帮助菜单

1. 功能

用于查看应用版本、VID、版权等相关信息。

2. 操作

单击【帮助】菜单—【关于 Design】，弹出对话框（图 2-348），查看之后，点击【确定】。

图 2-348　【关于 Design】对话框

第七节　工具属性栏

一、纸样信息栏

1. 功能

编辑当前选中纸样的详细信息。

2. 操作

点击显示菜单，纸样信息栏前打勾，右侧出现【纸样信息栏】对话框。

3.【纸样信息栏】说明

【纸样信息栏】对话框，如图 2-349 所示。

（1）▣：点击可以将对话框隐藏到最右侧。

（2）【名称】：指选中纸样的名称。

（3）【说明】：对选中纸样有特殊说明，可在此输入，如有绣花。

（4）▣转行：纸样名称、纸样说明文字太长时可以用来转行，把光标移在需要转行的位置按回车键即可。

（5）【布料名】的输入：如果在款式资料中输入布料名，在纸样资料中选择即可。

（6）【份数】：如果为偶数，在【定位】栏下勾选左、右，左选项自动被选中，那么在排料中另一份纸样就是右片了。

（7）【各码布料份数不同】：勾选此项，各号型可输入不同的纸样份数。

（8）【左右片份数不同】：勾选此项，左、右片可输入不同的纸样份数。

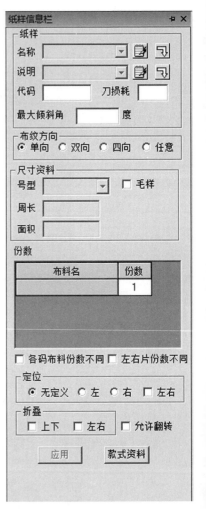

图 2-349　【纸样信息栏】对话框

二、参照表栏

如果参照表栏命令前有"√"对勾显示，则软件界面就有该表栏显示，如图 2-350 所示，否则没有显示。

1. 功能

对数据进行对比，如把规格表中的尺码和实际作出来的尺码进行对比。

2. 操作

（1）用 ▣ 比较长度或 ▣ 两点距离测量并记录实际做好的尺寸，如图 2-351 所示。

（2）在参照表栏【号型名】的空白处单击，弹出【参照公式】对话框（图 2-352），在【参照名称】后输入坐围差，在下面输入公式，如实际坐围（记录）减去坐围（规格表中），并得出 0.15 的差值。

图 2-350 【参照表栏】对话框

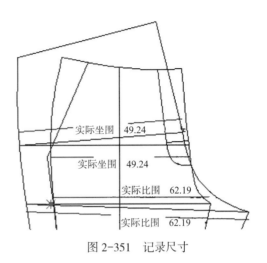

图 2-351 记录尺寸

图 2-352 【参照公式】对话框

注意：相同的公式只需建立一次就可以，公式可用于不同的文件中，在别的文件中只需要用 比较长度或 两点距离测量并记录实际做好的尺寸即可。

（3）此时【参照表栏】（图 2-353）就会显示各码的差值。

3.【参照表栏】对话框说明

（1）编辑参照数据：在表格的空白行单击，弹出公式编辑框，将需要比较的数据按照公式的方式写入，并将比较的结果取一个名称。如图 2-352 中"坐围差的公式为坐围减去测量坐围"，差值为 -0.15cm，说明实际做好的基码的坐围比规格表中的坐围大了

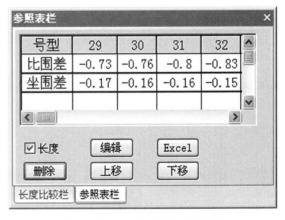

图 2-353 【参照表栏】显示差值

0.15cm。其他码的差值也同时显示在参考表栏中。

（2）【编辑】：选中表格中有数据的一行，点击编辑，可对写入的参照信息进行修改。

（3）【删除】：选中表格中有数据的一行，点击删除，删除该行参照信息。

（4）【上移】：选中表格中有数据的一行，点击上移，将该行上移一行。

（5）【下移】：选中表格中有数据的一行，点击下移，将该行下移一行。

（6）【Excel】：将表格中的数据导出到Excel表格中。

第八节 女衬衫打板、放码实例

一、建立号型规格表

在做纸样之前，首先要把规格尺寸输入【号型】菜单下的【号型编辑】—【设置号型规格表】，方便之后的设计，同时也备份了详细的尺寸资料。输入完成的纸样尺寸可以存放到尺寸库里，其他款式的纸样如果尺寸数据有相同或相近之处，就可以直接调出，修改后使用。下面以号型为160/84A的女衬衫为例进行介绍。

（1）单击菜单【号型】—【号型编辑】，弹出【设置号型规格表】对话框，如图2-354所示。

（2）单击第一列、第二行的空格，在其中输入衣长；第三行空格，在其中输入胸围；第四行空格，在其中输入肩宽；然后单击第五行空格，在其中输入背长；单击第六行空格输入领围；单击第七空格，在其中输入袖长。

（3）单击衣长后面的空格输入64，胸围98，肩宽40.5，背长40，领围35，袖长53，单击【确定】（图2-355）。

（4）可以把经常使用的标准尺寸数据保存起来，下次需要的时候就可以调出来直接使用或稍加修改。单击【存储】弹出对话框，在文件名内输入"女装尺寸"，单击【保存】，如图2-356所示。

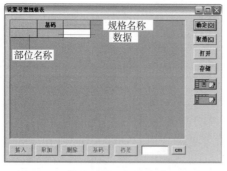

图2-354 【设置号型规格表】对话框

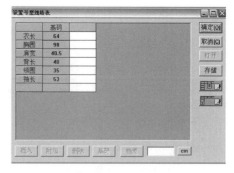

图2-355 输入数据

（5）当下一次使用相同数据的时候，点击【号型】—【尺寸编辑】—【设置号型规格表】，单击【打开】，即可调出该规格表，用█████全部选定，或用████或████根据需要选定后，单击【确定】即可使用，如图2-357所示。

二、长袖女衬衫制板

长袖女衬衫制板规格，见表2-10。

图 2-356　保存

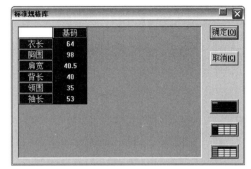

图 2-357　调出规格表

表2-10　规格表

单位：cm

号型	部位	衣长	胸围	肩宽	背长	领围	袖长
160/84A	规格	64	98	40.5	40	35	53

1. 后片制图

（1）选择 ✍ 智能笔工具，定出衣长 64cm、后胸围 $\left(\dfrac{98}{4}\right)$ 24.5cm，如图 2-358 所示。

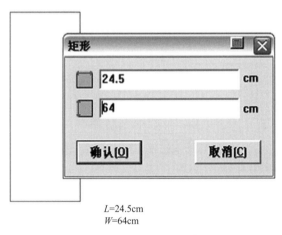

L=24.5cm
W=64cm

图 2-358　定衣长及后胸围

（2）继续用 ✍ 智能笔工具，定后领宽 $\left(\dfrac{35}{5}\right)$ 7cm、后领深 2cm。选择 ✍ 智能笔工具作出后领弧线，再选择 ▶ 调整工具对后领弧线进行调整，如图 2-359 所示。

（3）选择 ✍ 智能笔工具，光标放在后中点的辅助线上，该点变红色［图 2-360（a）］，单击【Enter】键，弹出【偏移量】对话框［图 2-360（b）］，输入数据，按确定。为定后肩宽 $\left(\dfrac{40.5}{2}+1.5\right)$ 21.75cm、落肩 4.5cm，并与后侧颈点连接定出后肩线［图 2-360（c）］。

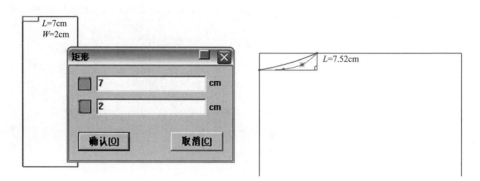

图 2-359　作后领弧线

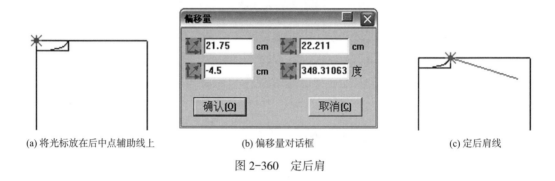

(a) 将光标放在后中点辅助线上　　　(b) 偏移量对话框　　　(c) 定后肩线

图 2-360　定后肩

（4）选择 不相交等距线工具，分别取 $\left(\dfrac{98}{6}+7\right)$ 23.3cm、背长尺寸 40cm，定胸围线、腰围线，如图 2-361 所示。

（5）单击 智能笔工具，取 $\left(\dfrac{98}{6}+2.5\right)$ 18.8cm 的长度在胸围线上定背宽，连接肩斜线，如图 2-362 所示。

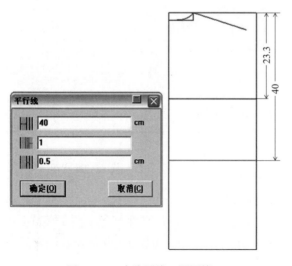

图 2-361　定胸围线、腰围线

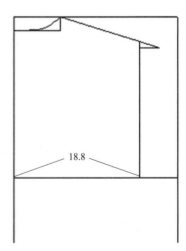

图 2-362　定背宽、作肩斜线

（6）选择 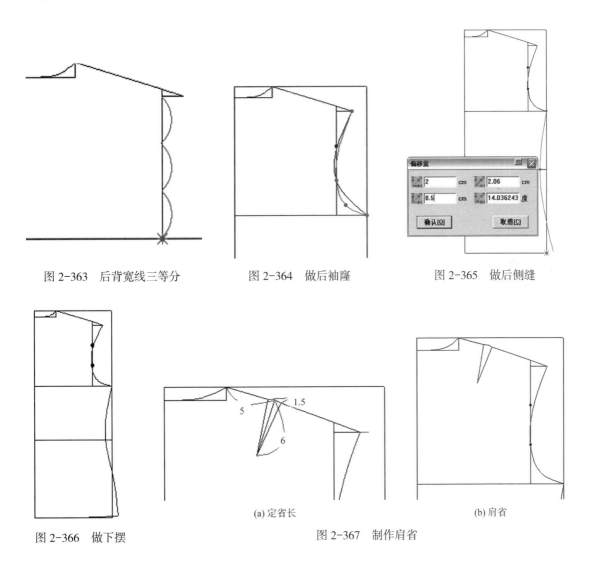 等份规工具，将后背宽线三等分（图2-363）。

（7）单击 智能笔工具，制作后袖窿（图2-364），再用 调整工具调整。

（8）继续选择 智能笔工具，制作后侧缝，如图2-365所示，再用 调整工具调整。

（9）同样用 智能笔工具，制作下摆边（图2-366），再用 调整工具调整。

（10）选择 三角板工具，制作肩线垂线定省长［图2-367（a）］，再用V型省工具 制作肩省［图2-367（b）］。

图 2-363　后背宽线三等分　　　图 2-364　做后袖窿　　　图 2-365　做后侧缝

图 2-366　做下摆　　　　　　　图 2-367　制作肩省

（11）选择 等份规工具，将后中线与后侧缝之间的腰节线等分，再用 智能笔工具画线定腰省长，选择 线上两等距点工具找出两等距点（长度为腰省 $\frac{3}{2}$ =1.5cm），如图2-368所示。

（12）单击 智能笔工具，连接其他部分做出腰省（图2-369）（也可拾取裁片以后用菱形省 作为腰省）。

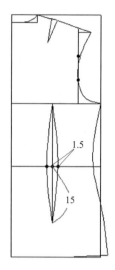

图 2-368　定腰省长

图 2-369　制作腰省

2. 前片制图

（1）选择 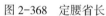 成组粘贴工具，复制后片的辅助线及胸围线、腰围线，如图 2-370 所示。

（2）单击 智能笔工具，定前领宽 $\left(\dfrac{35}{5}-0.3\right)$ 6.7cm、前领深 $\left(\dfrac{35}{5}\right)$ 7cm，如图 2-371 所示；选择 智能笔工具作前领弧线，再用 调整工具调整。

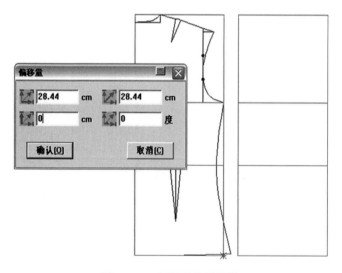

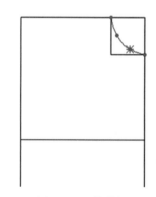

图 2-370　复制后片辅助线

图 2-371　作前领

（3）选择 智能笔工具，定前肩宽 $\left(\dfrac{40.5}{2}-0.7\right)$ 19.55cm、落肩 5cm ［图 2-372（a）］，并取 $\left(\dfrac{98}{6}+1.5\right)$ 17.83cm 的长度在胸围上定出前胸宽点，连接肩斜线 ［图 2-372（b）］。

（4）选择 不相交等距线工具，将胸围线向上平移 2cm，如图 2-373 所示。

（5）单击 等份规工具图标，将前胸宽线三等分；再用 智能笔工具制作前袖窿，用调整工具将前袖窿调整圆顺，如图2-374所示。

（6）同样用智能笔工具，制作前侧缝线及前下摆边线，再用调整工具将侧缝线、下摆边调整圆顺，如图2-375所示。

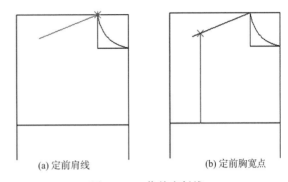

(a) 定前肩线　　　　(b) 定前胸宽点

图 2-372　作前肩斜线

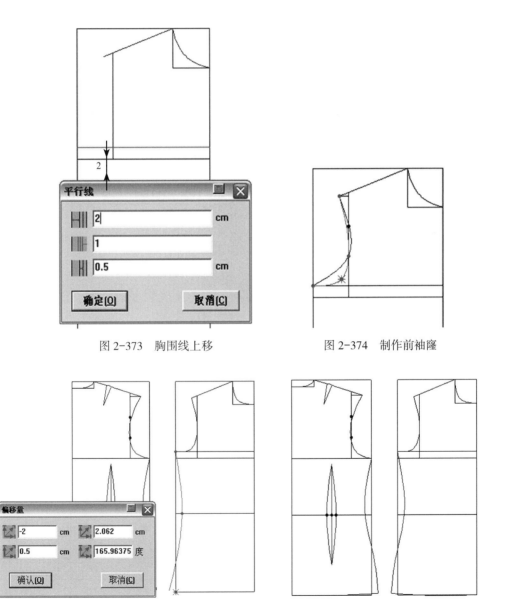

图 2-373　胸围线上移　　　　图 2-374　制作前袖窿

图 2-375　制作前侧缝线及下摆边线

（7）单击 等份规工具，将胸宽线分成两等分，再从侧缝线与袖窿线的交点 A 向下取 2cm 与胸宽线等分的中点相连，删除侧缝线的 2cm 长度，做腋下省，如图 2-376 所示。

（8）用 偏移点工具，定出省尖 BP 点；单击 智能笔工具，距侧缝线 A 点向下 9cm 画省线，如图 2-377（a）所示。

（9）用 橡皮擦工具，将多余的线擦掉，将腋下省转移到侧缝线下 9cm 处，选择 转省工具，将省转移，如图 2-377（b）、（c）所示。

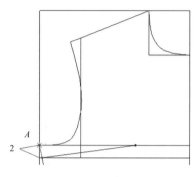

图 2-376　制作腋下省

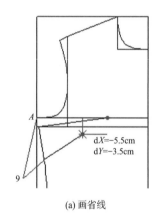

(a) 画省线

dX=-5.5cm
dY=-3.5cm

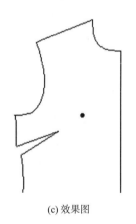

(b) 转移腋下省　　　　　　　　　(c) 效果图

图 2-377　转移腋下省

（10）将该省用 省褶合起调整工具对侧缝线进行调整，如图 2-378（a）所示。

（11）选择 加省山工具，补出省底，如图 2-378（b）所示。

（12）选择 不相交等距离线工具，平行前中线制作出搭门线，并用 智能笔工具，进行单向靠边，连接领口、下摆，如图 2-379（a）所示。

（13）选择 等份规工具，将前中线与前侧缝之间的线段等分，用 智能笔工具画出腰省，如图 2-379（b）所示。

3. 袖子制图

（1）单击 比较长度工具，量取前、后袖窿并做记录，再用 智能笔工具，画出长 （53-4）49cm，取 $\left(\dfrac{98}{10}+2\right)$ 11.8cm 定出袖山高，并画水平线（图 2-380）。

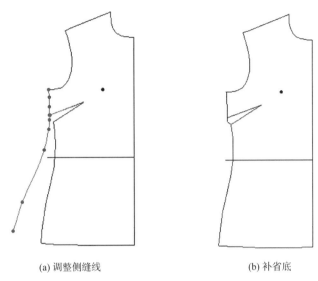

(a) 调整侧缝线　　　　　　　　　　　(b) 补省底

图 2-378　制作侧缝线

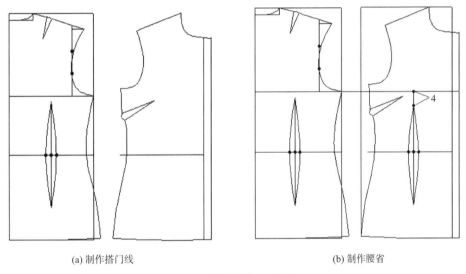

(a) 制作搭门线　　　　　　　　　　(b) 制作腰省

图 2-379　制作搭门及腰省

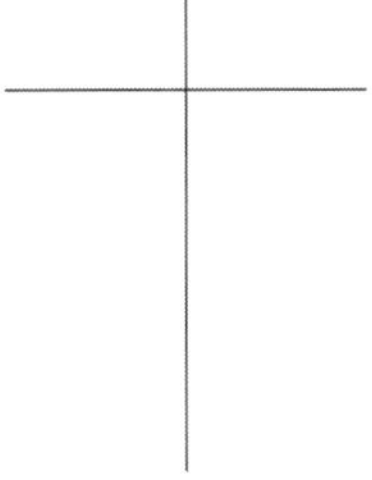

（2）选择 🅰 圆规工具，自袖山顶点到水平线取后袖窿 +0.5cm、前袖窿的尺寸定袖山斜线，再用 📐 智能笔工具画出袖山弧线，如图 2-381 所示。

（3）单击 ⌐ 水平、垂直线工具分别连接袖长下端点、袖肥端点，再单击 📏 等份规工具，分别将前后袖肥、下辅助线两等分；用 📐 智能笔工具连接对应等分点，并做适当的偏移，再用 ⬉ 调整工具调整，如图 2-382 所示。

图 2-380　制作辅助线

（4）选择 🅰 智能笔工具画出袖头，宽度为 4cm，长度为 $\left(\dfrac{98}{5}+2\right)$ 21.6cm，如图 2-383 所示。

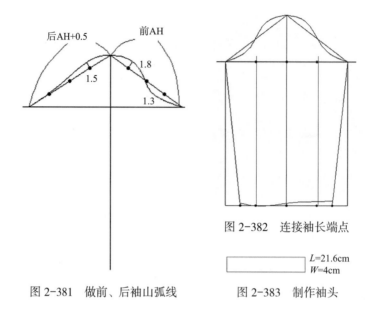

图 2-381 做前、后袖山弧线

图 2-382 连接袖长端点

图 2-383 制作袖头

4. 领子制图

（1）同样用 ![icon] 比较长度工具量取前、后领口的长度。

（2）用 ![icon] 智能笔工具，画水平线长为：$\dfrac{后领 + 前领}{2}$。

（3）再用 ![icon] 智能笔工具，画垂直线，选择 ![icon] 不相交等距线工具作平行线，长度分别为：2cm、8cm。

（4）最后用 ![icon] 智能笔连接即可（图 2-384）。

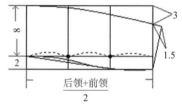

图 2-384 制作领子

5. 拾取裁片

以前片为例，用 ![icon] 剪刀工具顺时针点击前颈点、前领弧线上任意一点、前侧颈点，直线直接点击两点即可，直到整个裁片闭合。选中前片，用 ![icon] 衣片辅助线工具拾取内部辅助线。其他裁片的拾取方法相同。拾取完成后在前、后片用 ![icon] 菱形省做前、后片的腰省。

6. 布纹线

完成纸样拾取后，可以看到在纸样内部已自动生成布纹线。在右工作区中，以选中纸样的布纹线颜色为蓝色来区分。如需修改布纹线角度，系统提供三种方法：

（1）用布纹线和 ![icon] 两点平行工具，选择这个工具后，选中样片，用鼠标右键点击，布纹线将以 45° 的倍角进行变换。

（2）用 ![icon] 两点平行工具，单击参考线的两端，可将布纹线调整成与参考线方向相同的形式。

（3）可以用布纹线旋转到水平方向 ![icon] 和布纹线旋转到垂直方向 ![icon] 两个方向改变布纹线方向。

另外在右工作区如果想移动布纹线，![icon] 选择工具单击布纹线，释放并移动鼠标到合适的位置再单击。

7. 毛样制作

（1）以前片为例。选择纸样列表框中的纸样，将纸样放到右工作区，选择 缝份工具，单击边线上任意一点，弹出对话框，输入缝份量1cm（图2-385）。

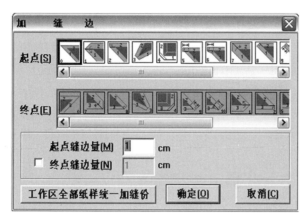
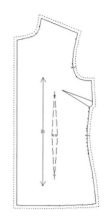

图2-385　加缝份

（2）有特殊缝份的，可以分段输入。继续使用缝份工具，框选前片底摆，底摆线变红，右键单击，出现加缝份对话框。在起点和终点上分别对应选择【按1、2边对幅】、【按2、3边对幅】，【缝份量】里输入2.5，按【确定】结束操作（图2-386）。

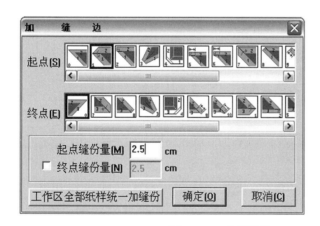
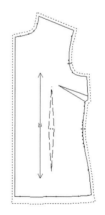

图2-386　底摆缝份

8. 加剪口

用 剪口工具在需要加剪口的位置直接点击即可，直接用此工具可调整方向。系统里存储多种剪口类型，根据需要进行选择，也可设置剪口的深度、宽度。

9. 建立纸样资料

（1）拾取好纸样后，在【纸样】菜单内选择【款式信息框】后，就会看到有关下单生产的一些纸样和客户要求的资料等待建立，在相应的项目内根据需要输入即可（图2-387）。

（2）同样，在【纸样】菜单里选择【纸样资料】，或双击纸样列表框中的纸样，就会弹出【纸样资料】对话框，按照生产工艺建立详细的纸样资料，填写表单和设置纸样在排料系统中的排料限定。

（3）直接双击纸样栏中的裁片，就会弹出【纸样资料】对话框，如图2-388所示。

（4）相应的资料项目设置完毕，单击【应用】。

（5）在【系统设置】里单击【布纹线上的纸样说明格式】，可以选择两种纸样说明格式：布纹线的上面或下面。单击布纹线后面的小三角，在弹出的菜单上勾选需要显示的项目，就可把在【款式信息框】、【纸样资料】对话框中输入的相关内容显示在纸样上。也可以在文本框内直接输入文字。

（6）当确定了纸样上需要显示的文字说明后，还要通过【选项】菜单里的【字体】设置调整显示和打印效果。

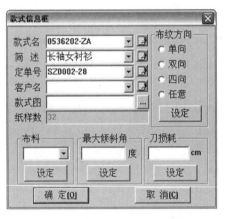

图2-387 【款式信息框】对话框

图2-388 【纸样资料】对话框

10. **存储**

每新做一款点击保存工具，系统里弹出【保存为】对话框，选择合适的路径，存储文件。再次点击保存工具。

11. **女衫衣的点放码**

（1）单击打开工具弹出对话框。

（2）找到所需文件，双击文件名，打开纸样文件（图2-389）。

图2-389 打开纸样文件

（3）单击【号型】—【号型编辑】，弹出【设置号型规格表】对话框，将女衬衫的部件名称输入第一列表格内，在第二列表格输入S码的尺寸，点击【附加】添加第三列，第四列，设置为M码和L码，系统会自动为M码和L码加上和S码一样的尺寸。点击部件在M码或L码的尺寸，再在对话框右下角，档差旁边的格内输入档差值，点击【档差】，系统会自动给M码和L码加上档差，点击【确定】即可，如图2-390所示。

（4）单击⊛设置颜色工具图标，弹出【设置颜色】对话框，在对话框内，点击左边的号型名，再点击右边的颜色就可以给该号型加上颜色。给S、M、L码加上颜色，点击【确定】即可，如图2-391所示。

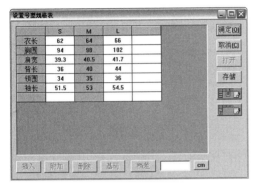

图2-390 【设置号型规格表】对话框

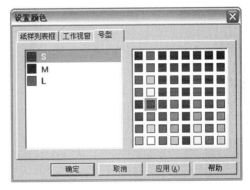

图2-391 【设置颜色】对话框

（5）单击快速栏中的点放码工具图标，弹出【点放码表】对话框，如图2-392所示。

（6）前、后衣片按同一个方向排好，单击选择与修改工具图标，框选前、后肩点及后肩省点，在点放码表中输入S码的dX量-0.6cm、dY量-0.1cm，点击XY相等图标，则系统会自动给框选的各点加上各码的放码量（图2-393）。

（7）用工具框选前、后侧缝线上的放码点，前腋下省的放码点，在点放码表中输入S码的dX量-1cm；点击X相等图标系统会自动给各点加上各码的放码量，如图2-394所示。

（8）用工具框选前、后片的腰省，在点放码表中输入S码的dX量-0.5cm，点击X相等图标，系统会自动给各点加上各码的放码量，如图2-395所示。

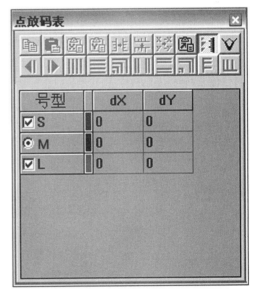

图2-392 【点放码表】对话框

（9）用工具框选前、后片腰省的省尖点，在点放码表中输入S码的dY量2cm；点击Y相等图标，系统会自动给各点加上各码的放码量，如图2-396所示。

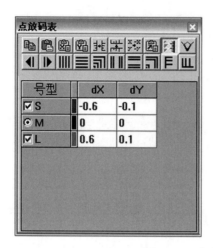
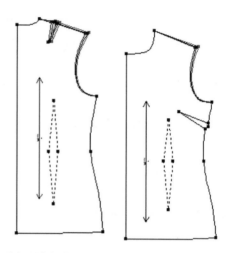

图 2-393　加前、后肩及袖窿放码量

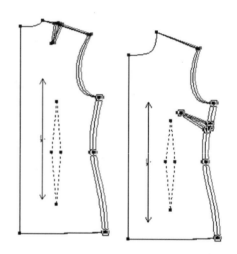

图 2-394　加侧缝及腋下省放码量

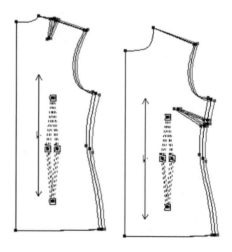

图 2-395　加腰省放码量

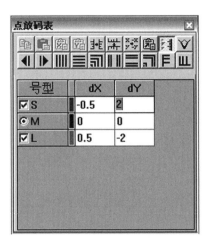
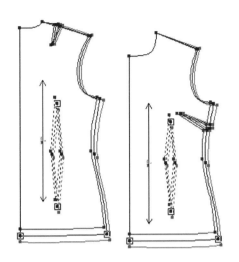

图 2-396　加省尖点放码量

（10）用 ▦ 工具框选前、后片腰省的省腰及腰节点，在点放码表中输入 S 码的 dY 量 1cm；点击 ▤ Y 相等图标，系统会自动给各点加上各码的放码量，如图 2-397 所示。

（11）用 ▦ 工具框选前、后片腋下点，在点放码表中输入 S 码的 dY 量 0.5cm；点击 ▤ Y 相等图标，系统会自动给各点加上各码的放码量，如图 2-398 所示。

（12）用 ▦ 工具框选前、后片的颈肩点，在点放码表中输入 S 码的 dX 量 -0.2cm；点击 ▥ X 相等图标，系统会自动给各点加上各码的放码量，如图 2-399 所示。

（13）用 ▦ 工具框选前片的前领深点，在点放码表中输入 S 码的 dY 量 0.2cm；点击 ▤ Y 相等图标，系统会自动给各点加上各码的放码量，如图 2-400 所示。

（14）前、后片完成放码，如图 2-401 所示。

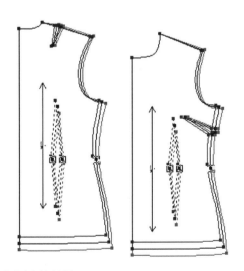

图 2-397　加腰省放码量

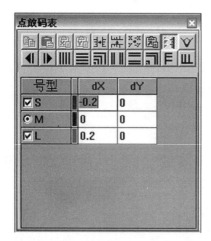

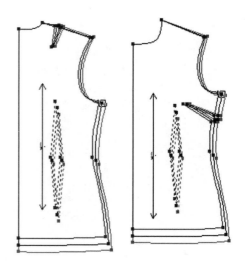

图 2-398　加前、后片腋下放码量

图 2-399　加颈肩点放码量

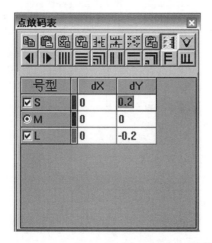

图 2-400　加前领深点放码量

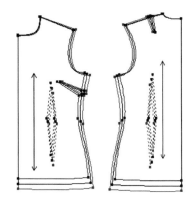

图 2-401　前、后片放码图

12. 袖子放码

（1）输入点 A（dX=0.3cm，dY=0.4cm）和点 B（dX=0.4cm，dY=1.5cm）的量，如图 2-402 所示。

（2）点击点 A，单点放码对话框内的 复制放码量，点击点 C，再按 粘贴 XY，就可以看到点 C 有了点 A 的放码量；或者采用拷贝点放码量 ，选择该工具在点 A 上单击一次，再到点 C 上单击一次。同样将点 B 的放码量复制到点 D 上，如图 2-403 所示。

（3）对于 X 方向的放码量反向的，按 X 取反，就可以得到正确的放码量。

13. 领子放码

用 工具框选点 A 和点 B，输入 S 码的 dX 量 0.5cm。放好了半个领子如图 2-404（a）所示，再用 工具，顺时针拖选线段 CD（以 CD 线为对称轴），单击 对称复制工具图标，系统会自动生成一个新的领子纸样，原来的也还会保留，如图 2-404（b）所示。

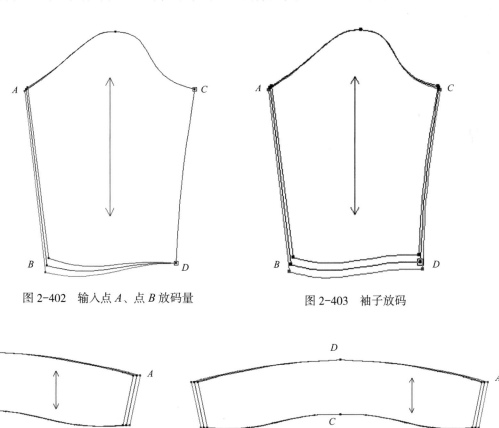

图 2-402　输入点 A、点 B 放码量　　　图 2-403　袖子放码

(a) 原图　　　　　　　　　　　(b) 对称后的图

图 2-404　领子放码

14. 袖头放码

用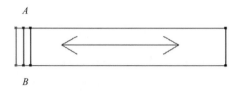工具框选点 *A* 和点 *B*，输入 S 码的 d*X* 量 0.8，如图 2-405 所示。

图 2-405　袖头放码

第九节　筒裙打板实例

一、建立号型规格表

在做纸样之前，首先要把规格尺寸输入【号型】菜单下的【号型编辑】—【设置号型规格表】，方便之后的设计，同时也备份了详细的尺寸资料。输入完成的纸样尺寸可以存放到尺寸库里，其他款式的纸样如果尺寸数据有相同或相近之处，就可以直接调出，修改后使用。下面以号型 165/74A 的筒裙为例进行介绍。

（1）单击菜单【号型】—【号型编辑】，弹出【设置号型规格表】对话框，如图 2-406 所示。

（2）单击第一列、第二行的空格，在号型名下输入裙长；第三行空格输入腰围；而后依次输入臀围、腰宽。

（3）单击基码下一行，输入衣长 68，腰围 74，臀围 94，腰宽 3，单击【确定】（图 2-407）。

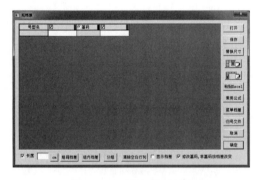

图 2-406　设置号型规格表

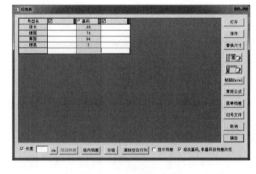

图 2-407　输入数据

（4）可以把经常使用的标准尺寸数据保存起来，下次需要的时候就可以调出来直接使用或稍加修改。单击【保存】弹出的对话框，在文件名内输入筒裙尺寸单击【保存】，如图 2-408 所示。

（5）当下一次使用相同的数据时，点击【号型】—【尺寸编辑】—【设置号型规格表】，单击【打开】，弹出【打开】对话框，选择筒裙尺寸，单击【打开】，即可调出该规格表，如图 2-409 所示。

图 2-408　保存

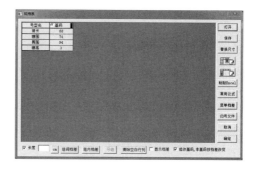

图 2-409　调出规格表

二、筒裙制板

筒裙制板规格见表 2-11。

表2-11　规格表

单位：cm

号型	部位	裙长	腰围	臀围	腰宽
165/74A	规格	68	74	94	3

1. 后片制图

（1）选择 ✐ 智能笔工具，在空白处拖定出宽为 $\left(\dfrac{94}{4}\right)$ 23.5cm、长为（68-3）65cm。左键单击计算器图标，在弹出的【计算器】对话框中设定长和宽，如图 2-410 所示。

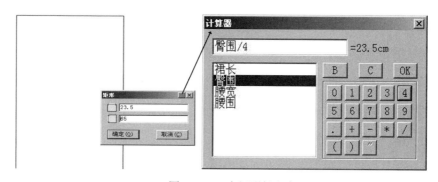

图 2-410　定矩形长和宽

（2）继续用 ✐ 智能笔工具画出臀围线，点按非中点位置向下拖拽，到任意位置点单击，弹出【平行线】对话框，距上平线为 18cm，如图 2-411 所示。继续用 ✐ 智能笔工具画线，距上平线为 1cm。

（3）选择 🗛 圆规工具，单击矩形右上角点，单击上侧直线左端，弹出【单圆规】对话框，单击计算器；输入长度为 $\left(\dfrac{74}{4}+2.5\right)$ 21cm，按【OK】，如图 2-412 所示。

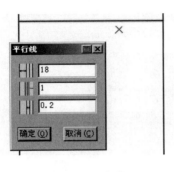
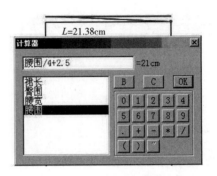

图 2-411　平行线　　　　　　　　　　　图 2-412　腰围辅助线

（4）用 ✐ 智能笔工具，做裙片后侧弧线，下侧移动量为 1cm，右键确认，用 ▶ 调整工具调整，如图 2-413 所示。

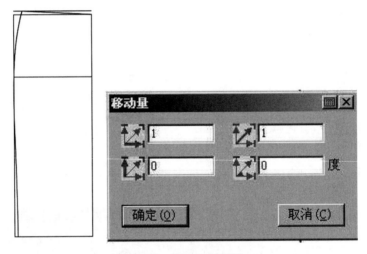

图 2-413　裙片后侧弧线

（5）继续用 ✐ 智能笔工具定省长 11cm，按住【Shift】键，左键拖拉选中"1""2"两点（图 2-414），进入 ◹ 三角板工具，单击"1"点；拉出垂线，向下方单击，弹出【长度】对话框，输入 11，点击【确定】。

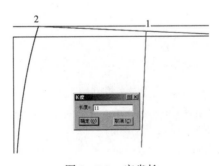

图 2-414　定省长

（6）用  收省工具做省。选择上侧红线（图2-415），作为选择截取省宽的线，选择省宽，此时输入省的宽度2.5，单击【确定】，进一步将腰围调整圆顺，右键确认。

图2-415　定省及腰围线

2. 前片制图

（1）用 移动工具复制后片来制作前片，光标划框全选，选中区域变红后，右键确认，选择移动第一点，向右移动，按回车键，弹出【偏移】对话框，输入数据，按【确定】，如图2-416所示。

图2-416　复制出前片

（2）用 智能笔工具做前中省宽4cm（图2-417），继续右键拖拉进入水平垂直线：光标指向右下角点，按右键，拖拉并指向红点处（图2-418），向上拖拉（如水平垂直线方向不对，可单击右键改变），在线上任意位置单击，弹出【点的位置】对话框，输入数据，按【确定】。

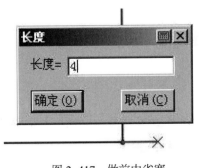

图2-417　做前中省宽

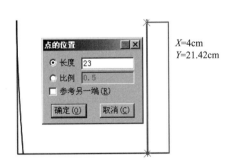

图2-418　做前中省

（3）继续使用 智能笔工具，左键框选两条红色线，在符号处单击右键，进行剪断，如图2-419所示。

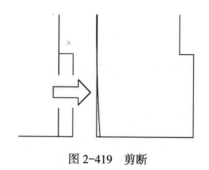

图2-419　剪断

3. 腰头制图

使用 智能笔工具，在上侧做腰头，矩形长为（74+3）77cm；宽为（3×2）6cm，如图2-420所示。

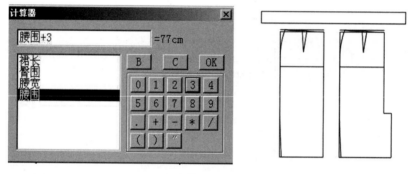

图2-420　做腰头

4. 拾取裁片

使用 剪刀工具，可用于从结构线或辅助线上拾取纸样，系统提供两种方法。

（1）单击或框选围成纸样的线，最后单击右键确认，系统按最大区域形成纸样。

（2）按住【Shift】键，单击形成纸样的区域，则有颜色填充，可连续单击多个区域，最后击右键确认。

右键确认后，剪刀工具即变成 衣片辅助线工具（从结构线上为纸样拾取内部线），如图2-421所示。

5. 布纹线

使用 布纹线工具，在布纹线处单击右键，改变布纹线方向，如图2-422所示。

6. 毛样制作

（1）选择 加缝份工具，单击腰头左下角点，弹出【衣片缝份】对话框，输入缝份量1cm，如图2-423所示。

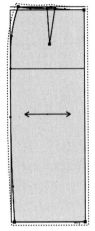
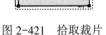

图 2-421　拾取裁片

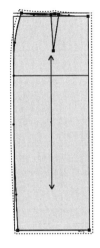

图 2-422　改变布纹线方向

图 2-423　腰头加缝份

（2）有特殊缝份时，可以分段输入。继续使用缝份工具，选择后片"1""2"两点，单击右键，弹出【加缝份】对话框，起点缝份量为 2.5，如图 2-424 所示。

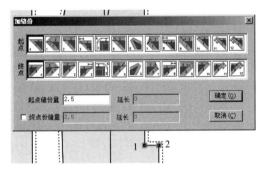

图 2-424　后中缝加缝边

（3）继续使用缝份工具，选择下侧"1""2""3""4"四点，单击右键，弹出【加缝份】对话框，起点缝份量为 4，并选择第二列，点击【确定】，如图 2-425 所示。

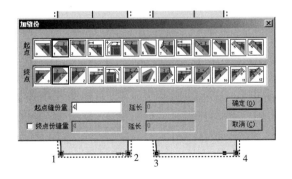

图 2-425　底摆加缝边

（4）选择 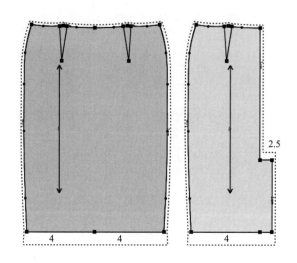 纸样对称工具，按住【Shift】键，单击前片前侧线，对称操作，单击右键，弹出快捷菜单，选择 移动工具，从后片中移出，如图 2-426 所示。

图 2-426　绘制毛样

7. 建立纸样资料

直接双击纸样栏中的裁片，以腰头为例，就会弹出【纸样资料】对话框，输入相应数据，点击【应用】，如图 2-427 所示。按照此步骤填写前片，布料名为面布，份数为 1；填写后片，布料名为面布，份数为 2。

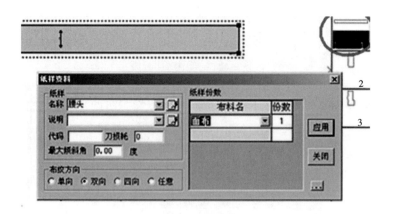

图 2-427　建立纸样资料

8. 存储

每新做一款点击 保存工具，系统里弹出【保存为】对话框，选择合适的路径，存储文件。再次点击 保存工具。

思考题

（1）富怡服装CAD的绘图辅助线及辅助点有哪些？请举例说明。

（2）当衣片的缝份不是一样大小时，该如何设置衣片的缝份？

（3）富怡服装CAD的放码方式有哪些？该怎样选择？

训练题

（1）西服裙的打板、放码。

（2）男、女西裤的打板、放码。

（3）男、女衬衫的打板、放码。

（4）男、女西服的打板、放码。

第三章

富怡排料CAD系统

学习目标： 通过本章的学习，了解排料的基本要求和原则，掌握
计算机辅助排料的方法，明确计算机排料与传统排料
的差别，熟练运用服装CAD的排料工具，排出符合实
际生产需要的排料图。

学时： 16 学时

第一节　键盘快捷键

键盘快捷键，如表 3-1 所示。

表3-1　键盘快捷键

快捷键	功能
Ctrl + A	另存
Ctrl + D	将工作区纸样全部放回到尺寸表中
Ctrl + I	纸样资料
Ctrl + M	定义唛架
Ctrl + N	新建
Ctrl + O	打开
Ctrl + S	保存
Ctrl + Z	后退
Ctrl + X	前进
Alt + 1	主工具匣
Alt + 2	唛架工具匣 1
Alt + 3	唛架工具匣 2
Alt + 4	纸样窗、尺码列表框
Alt + 5	尺码列表框
Alt + 0	状态条、状态栏主项
空格键	工具切换（在纸样选择工具选中状态下，空格键为放大工具与纸样选择工具的切换；在其他工具选中状态下，空格键为该工具与纸样选择工具的切换）
Ctrl 键	在使用任何工具情况下，按下 Ctrl 键（不弹起），把光标放在唛架上，此时向前滚动鼠标滑轮，工作区内容就以光标所在位置为中心放大显示，向后滚动鼠标滑轮，工作区内容就以光标所在位置为中心缩小显示
F3	重新按号型套数排列辅唛架上的样片
F4	将选中样片的整套样片旋转 180°
F5	刷新
Delete	移除所选纸样
双击	双击唛架上选中纸样可将选中纸样放回到纸样窗内；双击尺码表中某一纸样，可将其放于唛架上
8、2、4、6	可将唛架上选中纸样作向上【8】、向下【2】、向左【4】、向右【6】方向滑动，直至碰到其他纸样
5、7、9	可将唛架上选中纸样进行 90° 旋转【5】、垂直翻转【7】、水平翻转【9】
1、3	可将唛架上选中纸样进行顺时针旋转【1】、逆时针旋转【3】

注意：9 个数字键与键盘最左边的 9 个字母键相对应，有相同的功能，对应见表 3-2。

表3-2　9个数字键与字母键

1	2	3	4	5	6	7	8	9
Z	X	C	A	S	D	Q	W	E

（1）【8】&【W】、【2】&【X】、【4】&【A】、【6】&【D】键和【Num Lock】键有关，当使用【Num Lock】键时，这几个键的移动是一步一步滑动的；不使用【Num Lock】键时，按这几个键，选中的样片将会直接移至唛架的最上、最下、最左、最右部分。

（2）↑、↓、←、→可将唛架上选中纸样向上移动【↑】、向下移动【↓】、向左移动【←】、向右移动【→】，移动一个步长，无论纸样是否碰到其他纸样。

第二节　排料系统界面介绍

一、功能概述

排料系统是为服装行业提供的排唛架专用软件，它的界面简洁易操作，清晰而明确，所设计的排料工具功能强大、使用方便。为用户在竞争激烈的服装市场中提高生产效率，缩短生产周期，增加服装产品的技术含量和为高附加值提供了强有力的保障。该系统主要具有以下特点：

（1）超级排料、全自动、手动、人机交互，按需选用。

（2）键盘操作、排料，快速准确。

（3）自动计算用料长度、利用率、纸样总数、放置数。

（4）提供自动、手动分床。

（5）对不同布料的唛架自动分床。

（6）对不同布号的唛架自动或手动分床。

（7）提供对格对条功能。

（8）可与裁床、绘图仪、切割机、打印机等输出设备接驳，进行小唛架图的打印及1∶1唛架图的裁剪、绘图和切割。

二、界面介绍

排料系统界面，如图 3-1 所示。

1. **标题栏**

位于窗口的顶部，用于显示文件的名称、类型及存盘的路径。

2. **菜单栏**

标题栏下方是由 9 组菜单组成的菜单栏，如图 3-2 所示，GMS 菜单的使用方法符合 Windows 标准，单击其中的菜单命令可以执行相应的操作，快捷键为【Alt】+方框中的字母。

标题栏 ————
菜单栏 ————
主工具匣 ————
隐藏工具 ————
纸样窗 ————
尺码列表框 ————
标尺 ————
唛架工具匣（1）————
主唛架区 ————
滚动条 ————
辅唛架区 ————
状态栏主项 ————

———— 窗口控制按钮
———— 布料工具匣
———— 超排工具匣
———— 唛架工具匣（2）
———— 状态栏

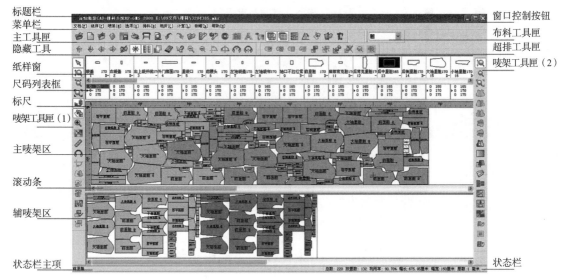

图 3-1　界面介绍

文档[F]　纸样[P]　唛架[M]　选项[O]　排料[N]　裁床[C]　计算[L]　制帽[k]　帮助[H]

图 3-2　菜单栏

3. 主工具匣

该栏放置常用的命令，为快速完成排料工作提供了极大的方便（图 3-3）。

图 3-3　主工具匣

4. 隐藏工具

隐藏工具，如图 3-4 所示。

图 3-4　隐藏工具

5. 超排工具匣

超排工具，如图 3-5 所示。

图 3-5　超排工具匣

6. 纸样窗

纸样窗中放置排料文件所需要使用的所有纸样，每一个单独的纸样放置在一小格的纸样框中。纸样框的大小可以通过拉动左、右边界调节宽度，还可通过在纸样框上单击鼠标右键，在弹出的对话框内改变数值，调整其宽度和高度。

7. 尺码列表框

每一个小纸样框对应着一个尺码表，尺码表中存放着该纸样对应的所有尺码号型及每个号型对应的纸样数。

8. 标尺

显示当前唛架使用的单位。

9. 唛架工具匣（1）

唛架工具匣（1），如图3-6所示。

图3-6　唛架工具匣（1）

10. 主唛架区

主唛架区可按自己的需要任意排列纸样，以取得最省布的排料方式。

11. 滚动条

包括水平和垂直滚动条，拖动可浏览主辅唛架的整个页面、纸样窗纸样和纸样各码数。

12. 辅唛架区

将纸样按码数分开排列在辅唛架上，方便主唛架排料。

13. 状态栏主项

状态栏主项位于系统界面的最底部左边，如果把鼠标移至工具图标上，状态栏主项会显示该工具名称；如果把鼠标移至主唛架纸样上，状态栏主项会显示该纸样的宽、高、款式名、纸样名称、号型、套号及光标所在位置的 X 坐标和 Y 坐标。根据个人需要，可在参数设定中设置所需要显示的项目。

14. 窗口控制按钮

可以控制窗口最大化、最小化显示和关闭。

15. 布料工具匣

可以选择不同种类布料进行排料。

16. 唛架工具匣（2）

唛架工具匣（2）如图3-7所示。

图3-7　唛架工具匣（2）

17. 状态栏

状态栏位于系统界面的右边最底部，它显示着当前唛架纸样总数、放置在主唛架区纸样总数、唛架利用率、当前唛架的幅长、幅宽、唛架层数和长度单位。

第三节 操作快速入门

一、排料

（1）单击 📄 新建，弹出【唛架设定】对话框（图 3-8），设定布封宽（唛架宽度根据实际情况来定）及估计的大约唛架长，最好略多一些，唛架边界可以根据实际自行设定。

（2）单击【确定】，弹出【选取款式】对话框，如图 3-9 所示。

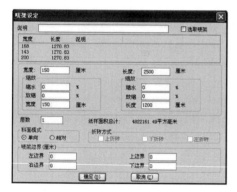

图 3-8 【唛架设定】对话框

图 3-9 【选取款式】对话框

（3）单击【载入】，弹出【选取款式文档】对话框（图 3-10），单击文件类型文本框旁的下拉按钮，可以选取文件类型是 DGS、PTN、PDS、PDF 的文件。

图 3-10 【选取款式文档】对话框

（4）单击文件名，单击【打开】，弹出【纸样制单】对话框（图 3-11）。根据实际需要，可通过单击要修改的文本框进行补充输入或修改。

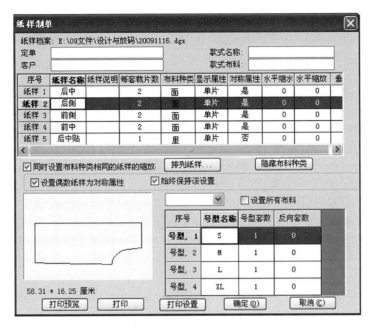

图 3-11 【纸样制单】对话框

（5）检查各纸样的裁片数，并在【号型套数】栏，给各码输入所排套数。

（6）单击【确定】，回到上一个对话框，如图 3-12 所示。

图 3-12 【选取款式】对话框

（7）再单击【确定】，即可看到纸样列表框内显示纸样，号型列表框内显示各号型纸样数量。

（8）这时需要对纸样的显示与打印进行参数的设定。单击【选项】—【在唛架上显示纸样】，弹出【显示唛架纸样】对话框（图 3-13），单击【在布纹线上】和【在布纹线下】右边的三角箭头，勾选【纸样名称】等所需在布纹线上、下显示的内容。

（9）运用手动排料或自动排料或超级排料等，排至利用率最高最省料。根据实际情况也可以用方向键微调纸样使其重叠，或用【1】键或【3】键旋转纸样等（如果纸样呈未填充颜色状态，则表示纸样有重叠部分）。

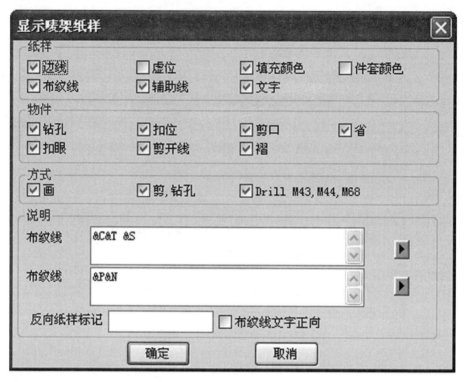

图 3-13 【显示唛架纸样】对话框

（10）唛架即显示在屏幕上，在状态栏里还可查看排料相关的信息，在【幅长】一栏里即是实际用料数，如图 3-14 所示。

（11）单击【文档】—【另存】，弹出【另存为】对话框，保存唛架。

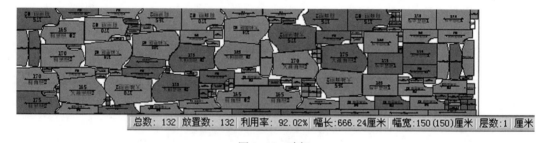

| 总数：132 | 放置数：132 | 利用率：92.02% | 幅长：666.24厘米 | 幅宽：150 (150)厘米 | 层数：1 | 厘米 |

图 3-14　唛架

二、对格对条

（1）对条格前，首先需要在对条格的位置上打上剪口或钻孔标记，如图 3-15 所示，要求前、后衣片的腰线对在垂直方向上，袋盖上的钻孔对在前左衣片下边的钻孔位置。

（2）单击 📄 新建，根据对话框提示，新建一个唛架—浏览—打开—载入一个文件。

（3）单击【选项】，勾选【对格对条】。

（4）单击【选项】，勾选【显示条格】。

（5）单击【唛架】—【定义对格对条】，弹出对话框，如图 3-16 所示。

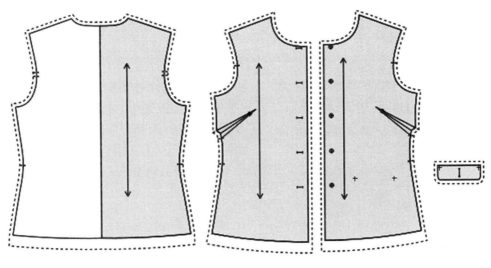

图 3-15　衬衫图

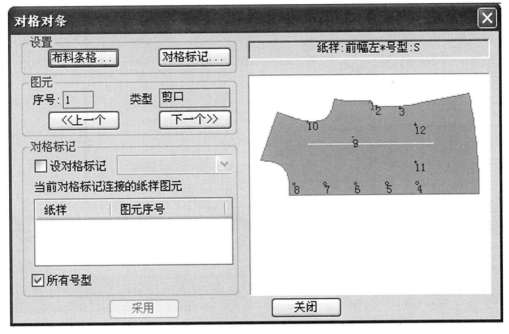

图 3-16　【对格对条】对话框

（6）首先单击【布料条格】，弹出【条格设定】对话框，根据面料情况进行条格参数设定；设定好面料按【确定】，结束回到母对话框，如图 3-17 所示。

（7）单击【对格标记】，弹出【对格标记】对话框，如图 3-18 所示。

（8）在【对格标记】对话框内单击【增加】，弹出【增加对格标记】对话框，在【名称】框内设置一个名称 "a"（对腰位），单击【确定】回到母对话框，继续单击【增加】，设置 "b"

（对袋位），设置完之后单击【关闭】，回到【对格对条】对话框，如图 3-19 所示。

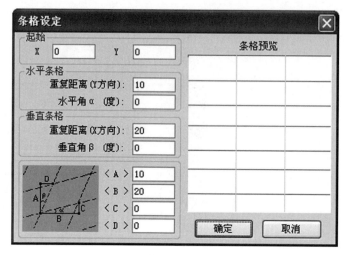

图 3-17 【条格设定】对话框

图 3-18 【对格标记】对话框

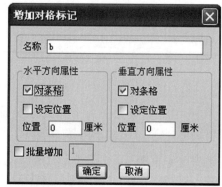

图 3-19 【增加对格标记】对话框

（9）在【对条对格】对话框内单击【上一个】或【下一个】，直至选中对格对条的标记剪口或钻孔，如图 3-20 所示前左衣片的剪口 3，在【对格标记】中勾选【设对格标记】并在下拉菜单下选择标记 a，单击【采用】按钮。继续单击【上一个】或【下一个】按钮，选择标记 11，用相同的方法，在下拉菜单下选择标记 b 并单击【采用】。

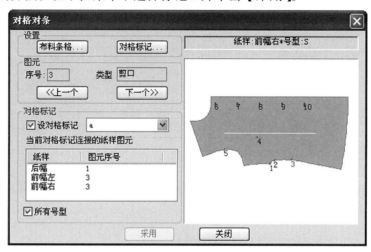

图 3-20　前幅对格对条

选中后衣片，用相同的方法选中腰位上的对位标记，选中对位标记 a，并单击【采用】，同样对袋盖设置对格对条，如图 3-21 所示。

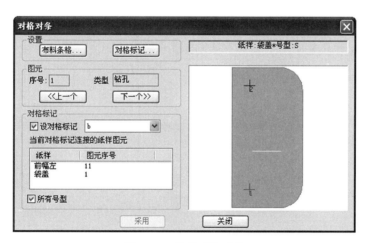

图 3-21　袋盖对格对条

（10）单击并拖动纸样窗中要对格对条的样片，到唛架上释放鼠标。由于对格标记中没有勾选【设定位置】，后面放在工作区的纸样是根据先前放在唛区的纸样对位的，如图 3-22 所示。

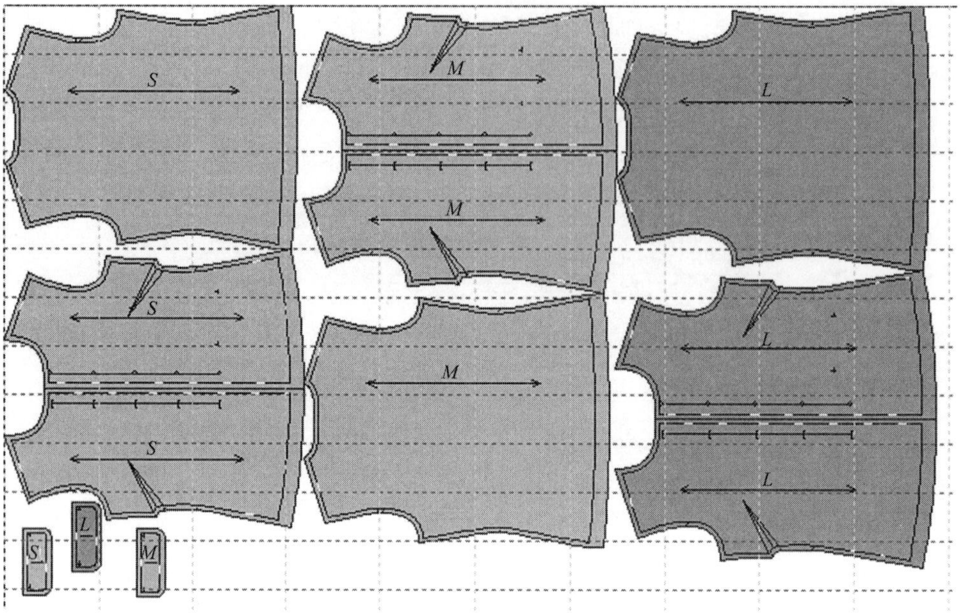

图 3-22　唛架区纸样

思考题

（1）简述富怡服装 CAD 的排料流程。

（2）怎样进行对格对条的设置？

（3）如何设置衣片的缝隙？

（4）什么情况下需要对某些衣片做微调，怎么做？

参考文献

［1］尚笑梅. 服装 CAD 应用手册［M］. 北京：中国纺织出版社，1999.

［2］谭雄辉. 服装 CAD［M］. 北京：中国纺织出版社，2002.

［3］张鸿志. 服装 CAD 原理与应用［M］. 北京：中国纺织出版社，2005.

［4］斯蒂芬·格瑞. 服装 CAD/CAM 概论［M］. 张辉，张玲，译. 北京：中国纺织出版社，2000.

［5］刘荣平，李金强. 服装 CAD 设计［M］. 2 版. 北京：化学工业出版社，2012.

［6］马仲岭. 服装 CAD 制板实用教程［M］. 5 版. 北京：人民邮电出版社，2023.

［7］刘咏梅. 服装 CAD 纸样设计基础及应用［M］. 北京：人民邮电出版社，2015.

［8］陈义华，陆红接. 服装 CAD 制板基础［M］. 北京：中国纺织出版社，2016.

［9］尹玲. 服装 CAD 应用［M］. 北京：中国纺织出版社，2017.

［10］胡群英. 服装 CAD 板型应用［M］. 北京：中国纺织出版社，2016.

［11］李金强. 服装 CAD 设计［M］. 上海：东华大学出版社，2016.

［12］刘荣平，李金强. 服装 CAD 技术［M］. 3 版. 北京：化学工业出版社，2015.